机械制图习题集

主　编　卢振生
副主编　程　崇　王迎辉　张　岩

哈尔滨工程大学出版社
Harbin Engineering University Press

内容简介

本习题集是根据教育部高等学校工程图学教学指导委员会2010年制订的《普通高等学校工程图学教学基本要求》和国家相关标准等编写的。与卢振生主编的《机械制图》一书配套使用。

本习题集主要内容包括绘制平面图、投影法与三视图、基本体、轴测图、组合体、图样画法、标准件和常用件、零件图、装配图等。

本习题集可供应用型高等学校工程类专业学生学习轴测图使用，也可供其他相关专业选用。

图书在版编目(CIP)数据

机械制图习题集 / 卢振生主编. —哈尔滨 : 哈尔滨工程大学出版社, 2018.8

ISBN 978-7-5661-1969-8

Ⅰ.①机… Ⅱ.①卢… Ⅲ.①机械制图-高等学校-习题集 Ⅳ.①TH12-44

中国版本图书馆CIP数据核字(2018)第127985号

选题策划 田 婧
责任编辑 张忠远
封面设计 刘长友

出版发行 哈尔滨工程大学出版社
社　　址 哈尔滨市南岗区南通大街145号
邮政编码 150001
发行电话 0451-82519328
传　　真 0451-82519699
经　　销 新华书店
印　　刷 哈尔滨市石桥印务有限公司
开　　本 787 mm×1 092 mm 1/16
印　　张 4.25
字　　数 104千字
版　　次 2018年8月第1版
印　　次 2018年8月第1次印刷
定　　价 15.00元
http://www.hrbeupress.com
E-mail:heupress@hrbeu.edu.cn

目　　录

1. 字体练习。

1 2 3 4 5 6 7 8 9 0

1 2 3 4 5 6 7 8 9 0

1 2 3 4 5 6 7 8 9 0

1 2 3 4 5 6 7 8 9 0

工程制图比例件数学院专业班级

尺寸标注直半径圆弧连接锥斜度

机械材料科学电子信息化工设备

上下左右前后顶底内外中间两边

2. 字体练习。

零	件	轴	套	轮	盘	盖	叉	架	变	速	箱	导	轨

铸	造	未	注	调	质	技	术	要	求	加	工	结	构

紧	固	螺	纹	齿	轮	轴	承	弹	簧	键	销	拴	钉

装	配	明	细	表	序	号	工	作	原	理	关	系	栏

视	图	全	半	局	部	旋	转	阶	梯	剖	主	俯	仰

青	黄	铜	铁	棒	氧	化	铝	钢	板	锌	铅	铬	镍

组	合	体	相	交	切	平	齐	互	贯	柱	锥	球	截

计	算	机	软	件	命	令	块	工	具	条	菜	单	条

3. 在指定位置,抄画各种图线、图形和箭头。

4. 用 1:1 比例在指定位置画出两个图形,并标注尺寸。

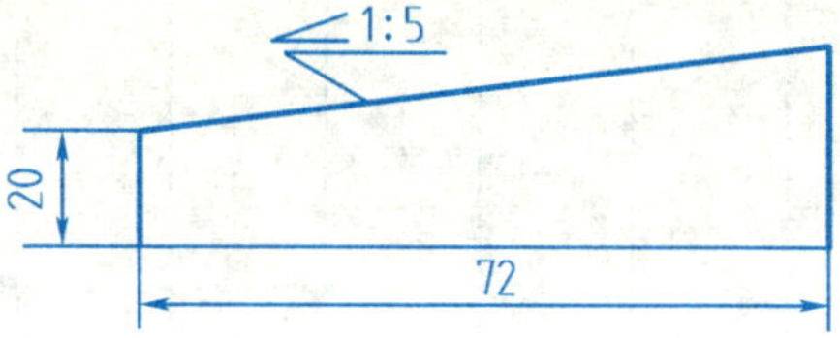

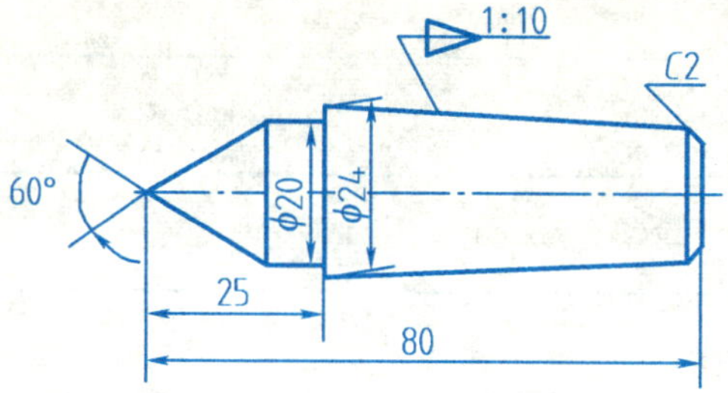

5. 标注下列各平面图形尺寸(尺寸数字从图中量取,取整数)。

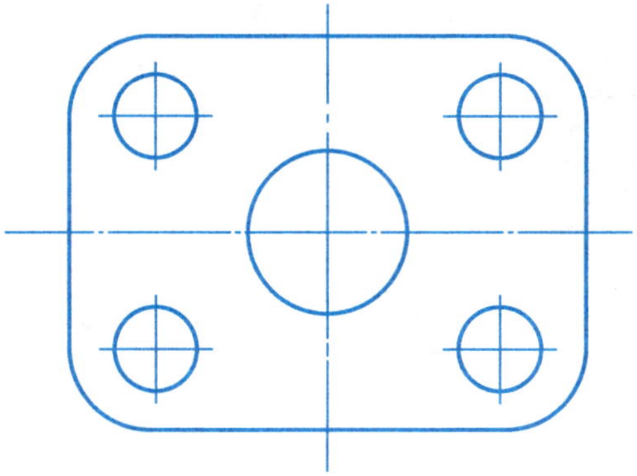

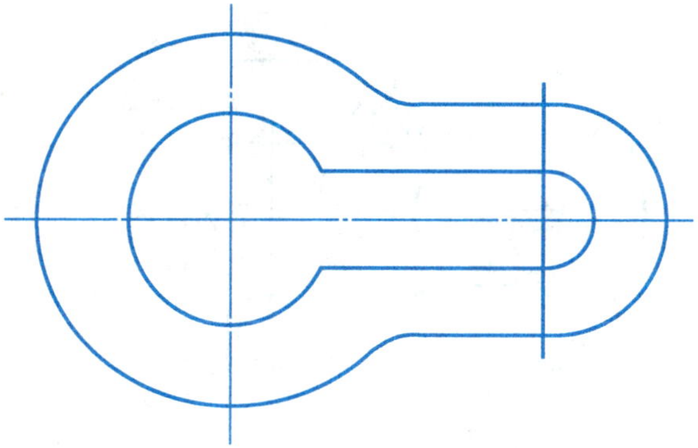

6. 分析图中尺寸标注的错误,在右边空白处按 1:1 比例抄画此图,并标注正确的尺寸。

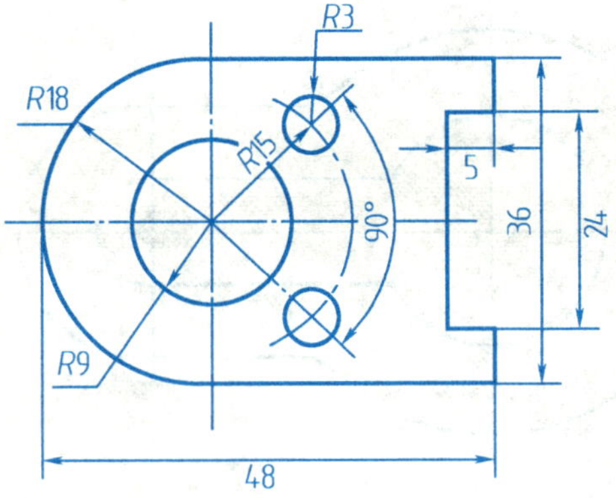

7. 圆弧连接，参照所示图形，按 1:1 比例画出全图形。

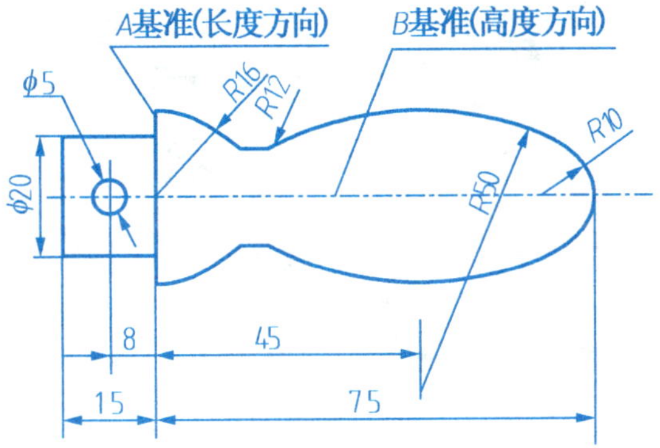

8. 第一次制图大作业——基本作图，抄画下面的图形。

要求：图形正确，布局匀称，线型清晰，粗细分明，尺寸完整，连接光滑，图画整洁。

图名：基本作图。

图幅：A3 图纸。

比例：1:1。

图号：KH－01。

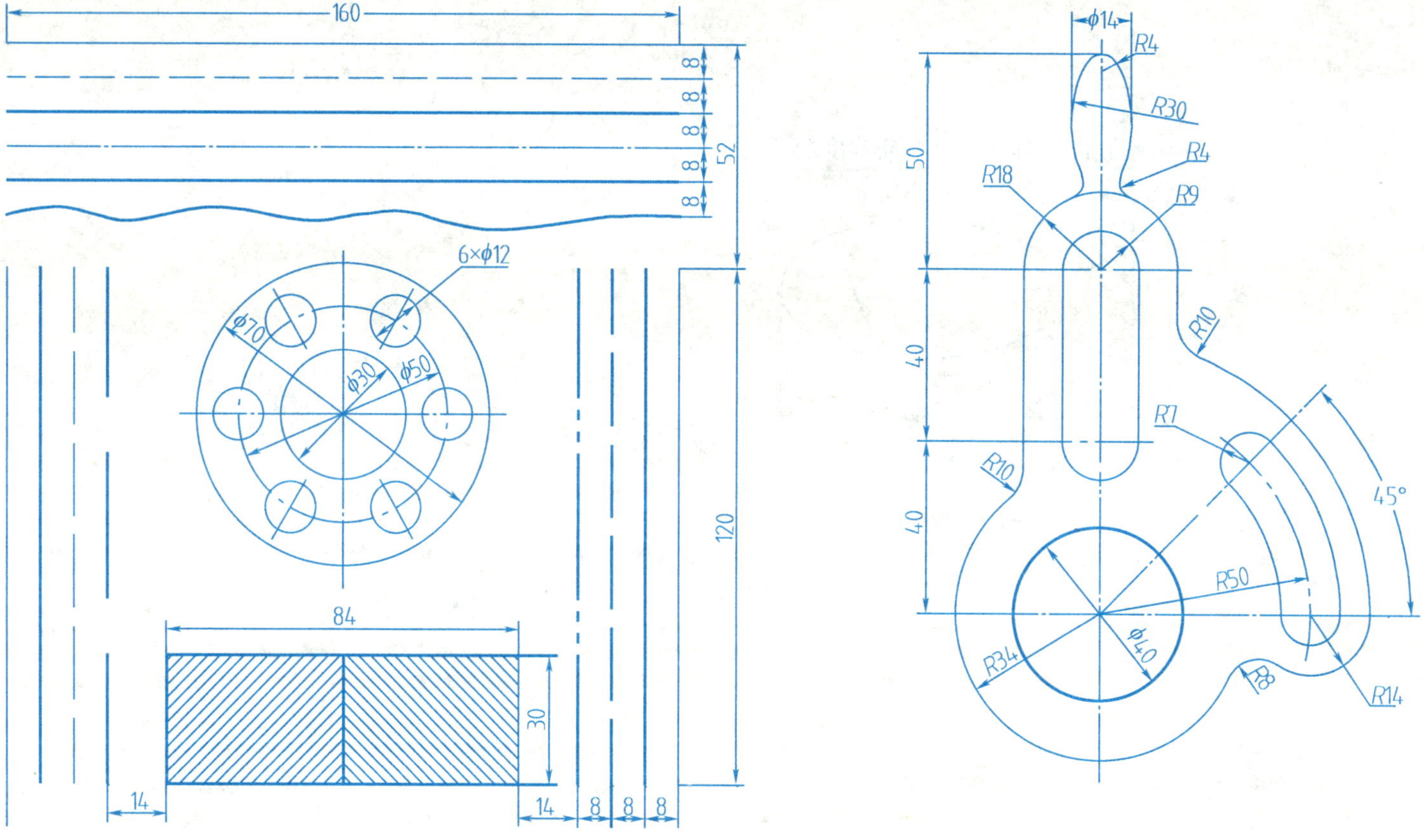

项目2　投影法与三视图

2.1　三视图

1. 根据已知视图补画视图中缺线。

(1)

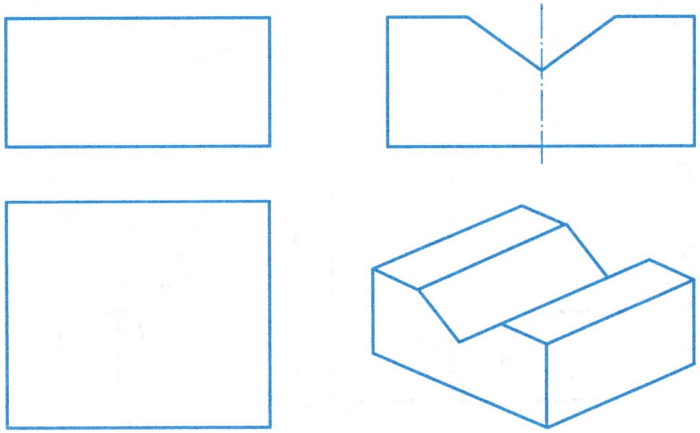

(2)

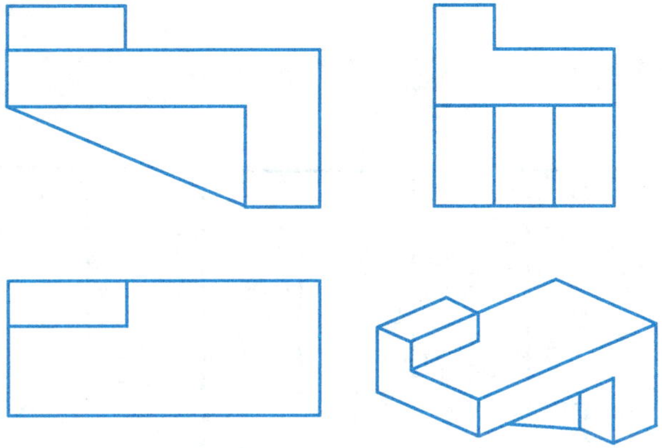

(3)

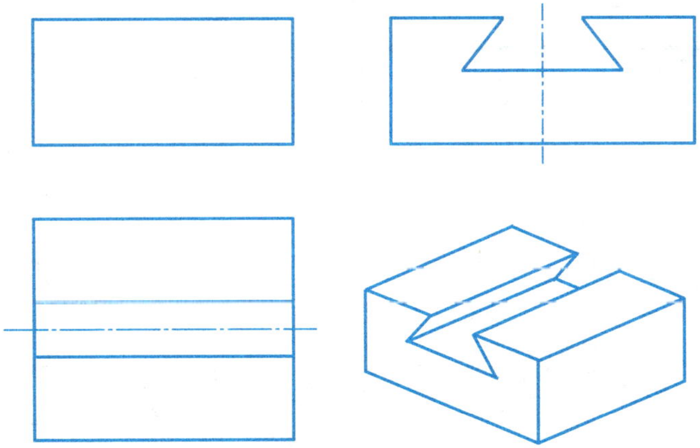

(4)

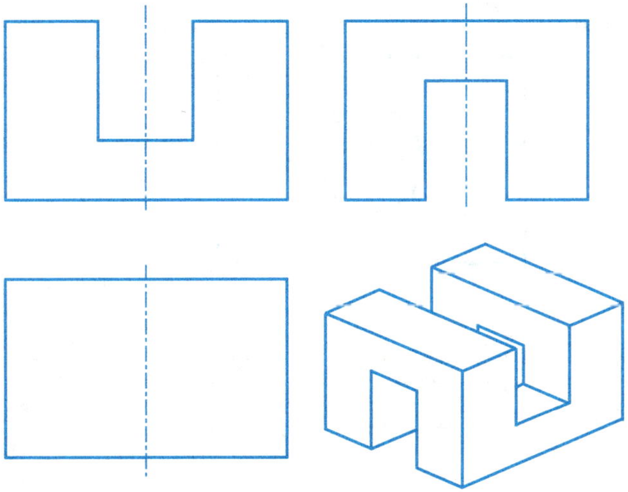

2. 根据已知视图补画视图中缺线。

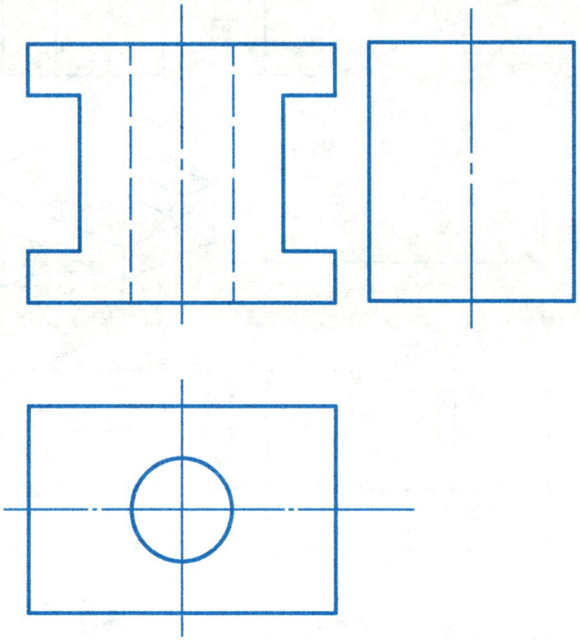

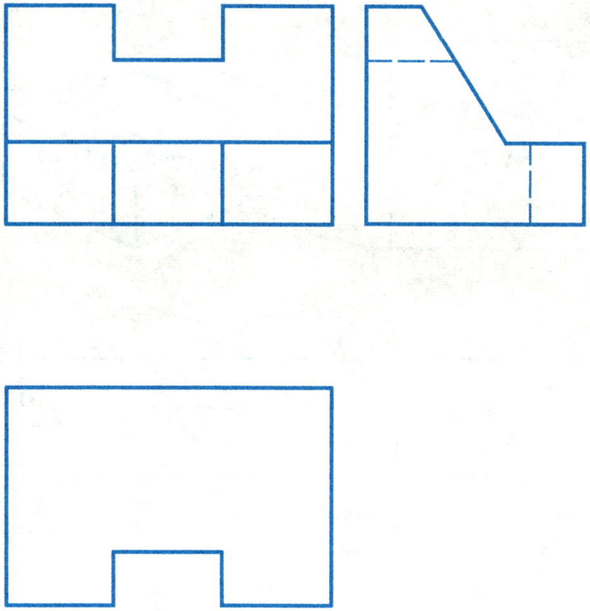

3. 根据所给立体的二视图,在指定位置补画第三视图。

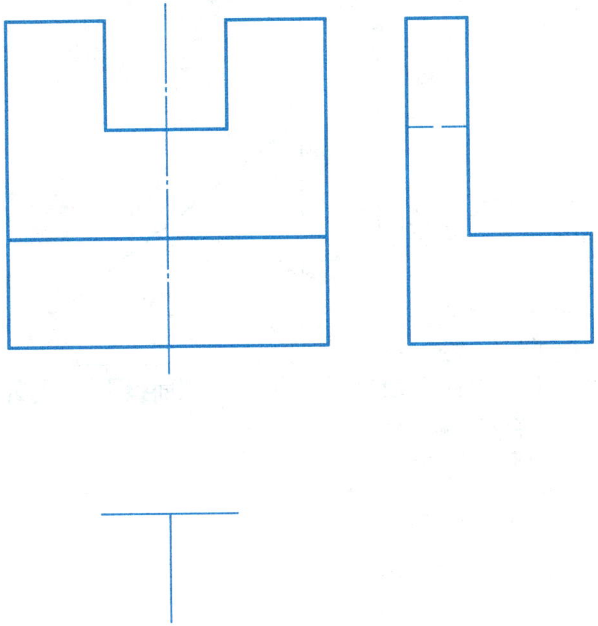

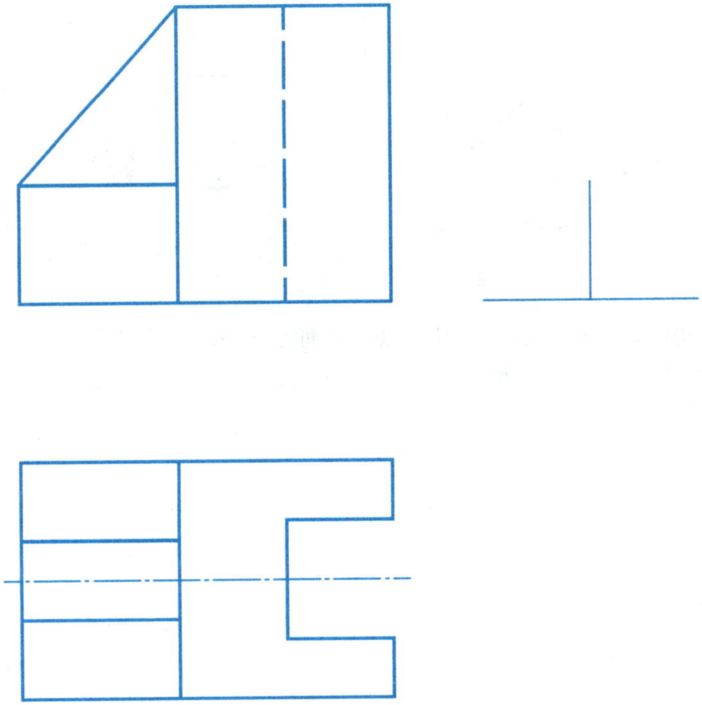

2.2 点的投影

1. 已知 $A(20,10,15)$、$B(15,20,10)$、$C(10,5,0)$ 三点，求作三点投影图和立体图。

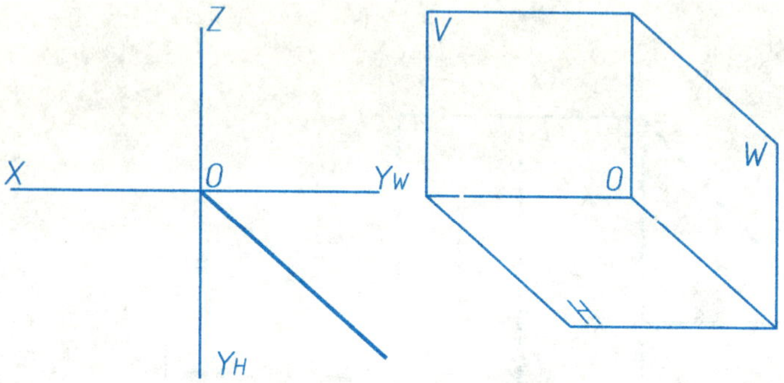

2. 已知 A、B、C 三点的两面投影，画出它们的第三面投影。

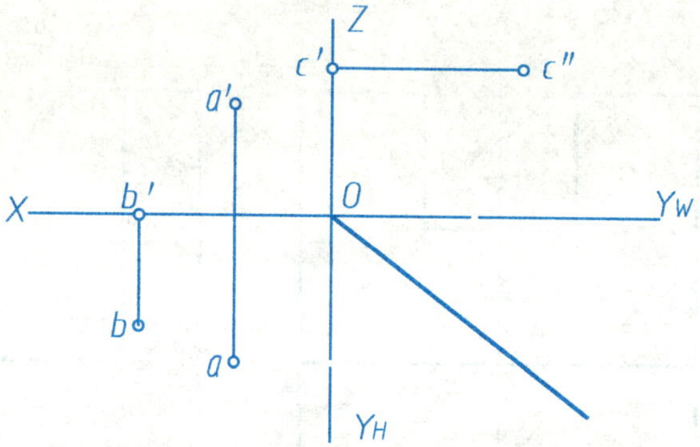

3. 已知点 A 的两面投影，点 B 在点 A 的前方 10 mm，下方 10 mm，左方 5 mm，点 C 在点 A 的正右方 10 mm，求点 B、点 C 的三面投影。

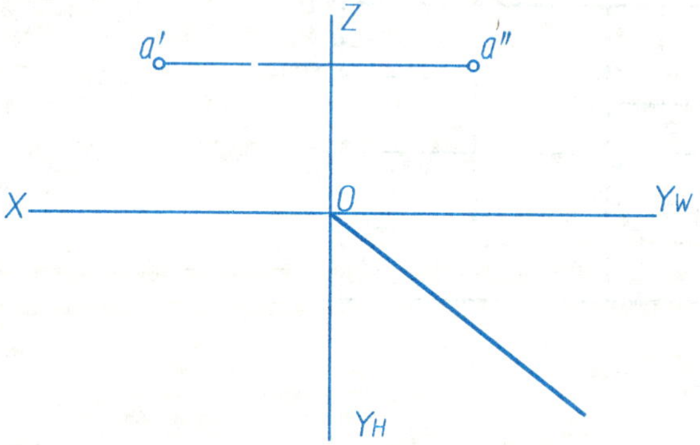

4. 已知点 A、点 B 距 V 面 20 mm，两点的正面投影，求另外两个投影面的投影点。

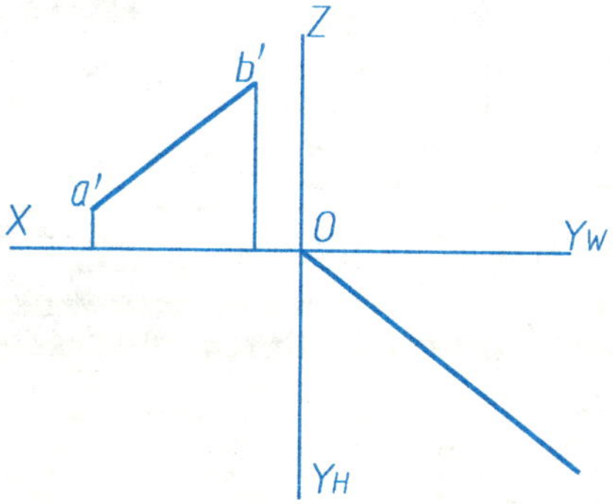

2.3 直线的投影

1. 已知直线的两面投影，画出第三面投影，并判断各直线相对投影面的相对位置。

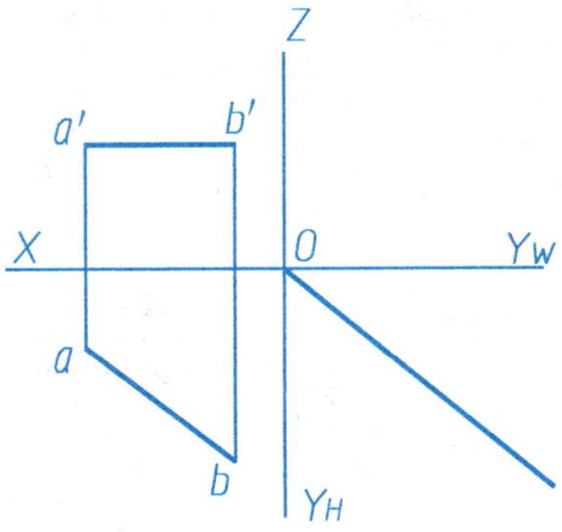

AB是＿＿＿＿＿＿线

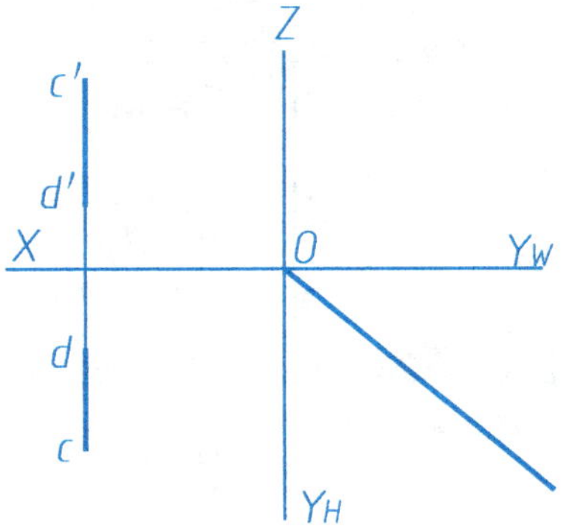

CD是＿＿＿＿＿＿线

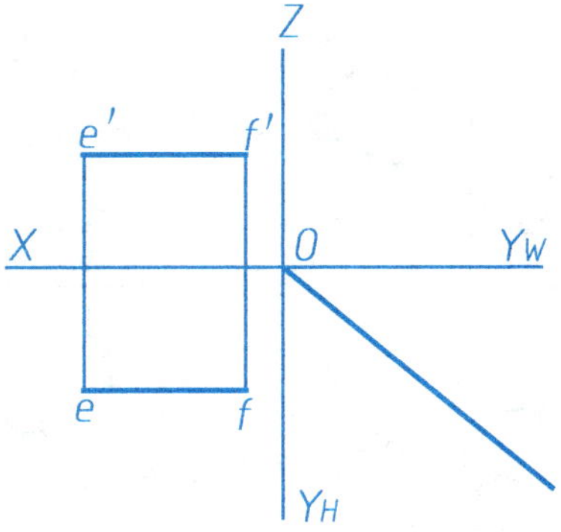

EF是＿＿＿＿＿＿线

2. 已知直线 AB 上一点 C，使 $AC:BC=3:2$，求点 C 的两面投影。

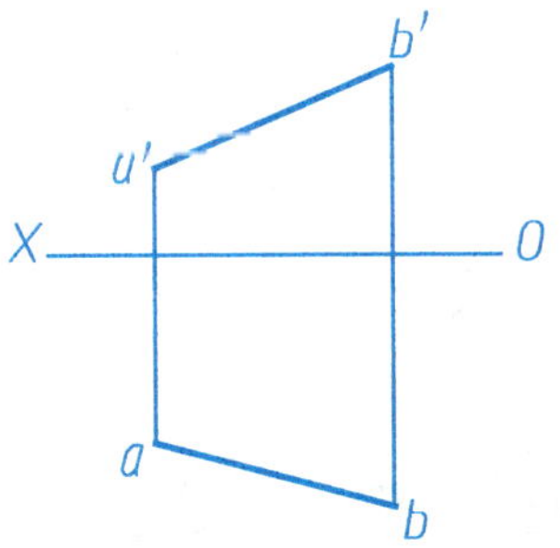

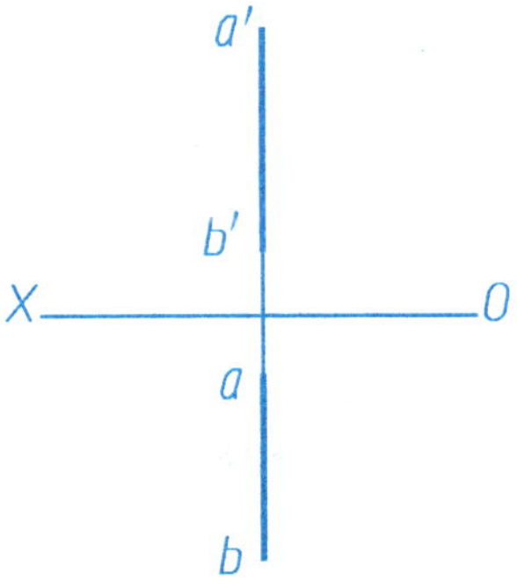

3. 由点 C 作直线 CD，使之与 AB 相交于 D 点，且点 D 距 H 面 15 mm。

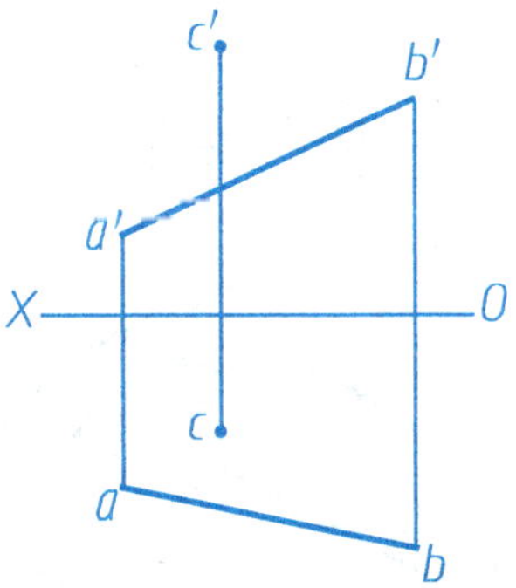

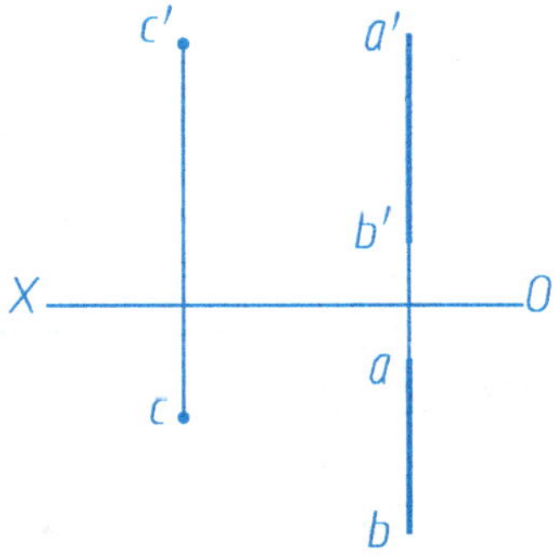

4. 判断并填写空间两直线 *AB* 与 *CD* 的相对位置（平行、相交、交叉）。

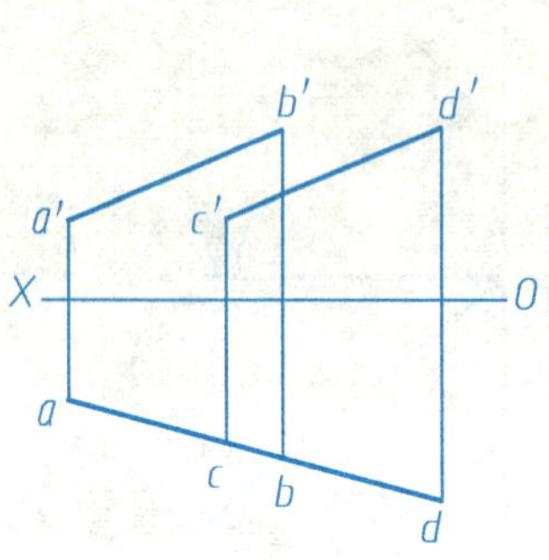

______

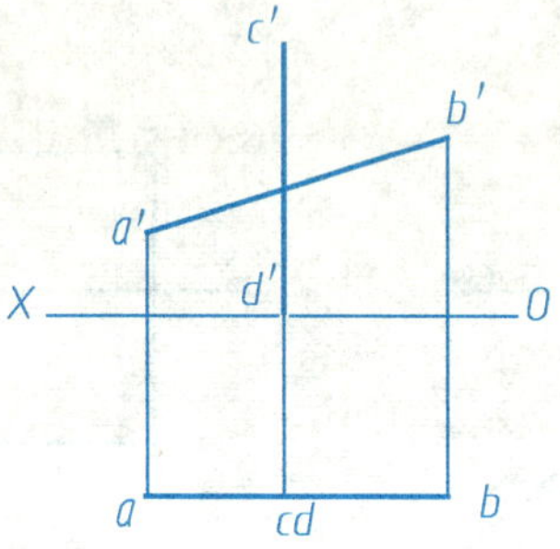

______

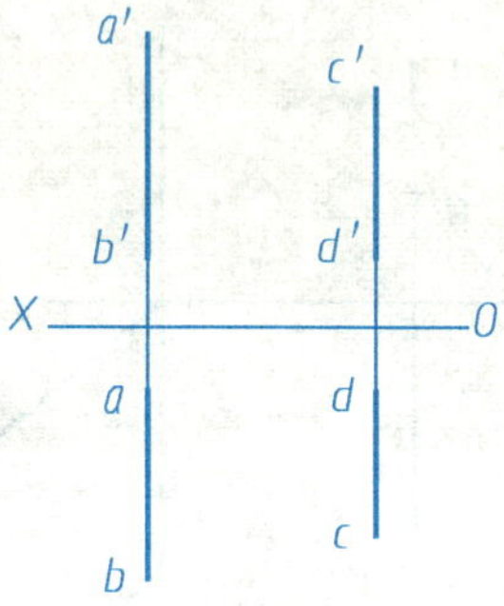

______

5. 过点 *A* 作一直线，使之与 *BC*、*DE* 相交。

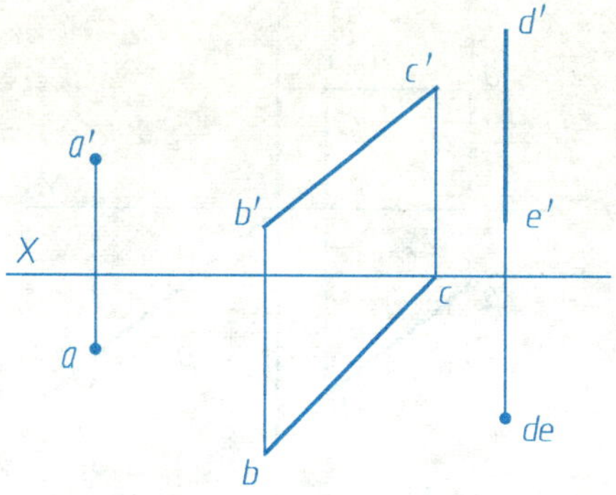

6. 在三视图中标出线段 *AB*、*CD*、*EF* 的第三投影，并在立体图中标出 *A*、*B*、*C*、*D*、*E*、*F* 的位置（用相应的大写字母标出），填写它们的名称和相对各投影面的相对位置。

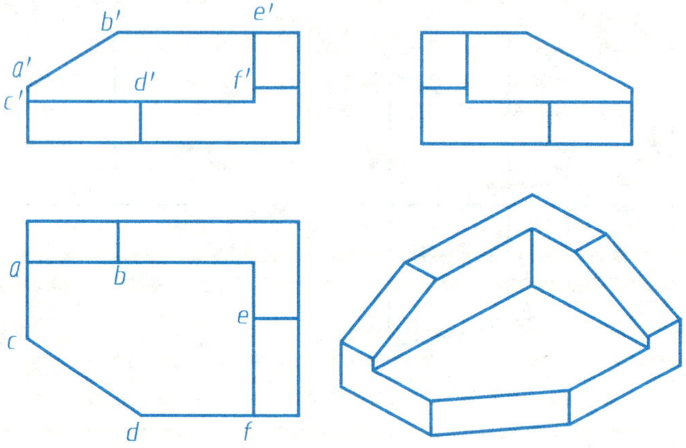

AB 是________线

CD 是________线

EF 是________线

AB ________ *V*；________ *H*；________ *W*

CD ________ *V*；________ *H*；________ *W*

EF ________ *V*；________ *H*；________ *W*

 班级 姓名 学号

2.4 平面的投影

1. 画出平面的第三面投影，并判断各平面对投影面的相对位置。

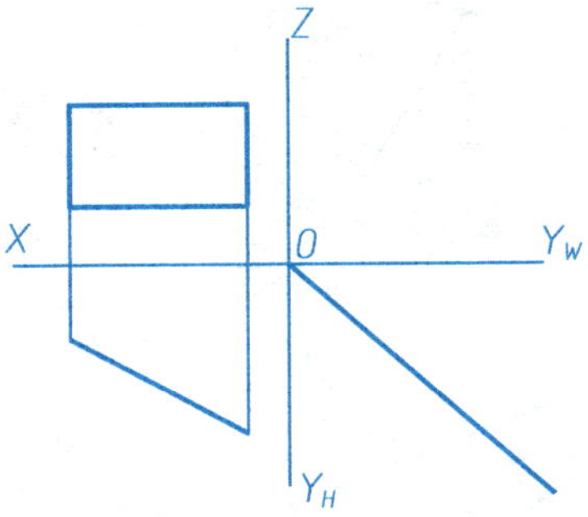

平面图形是________平面

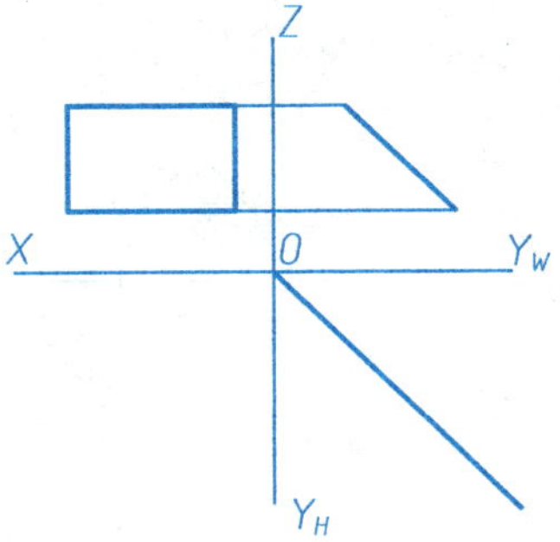

平面图形是________平面

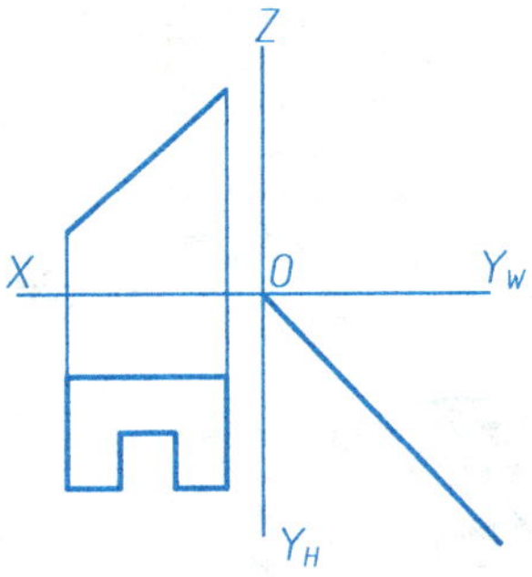

平面图形是________平面

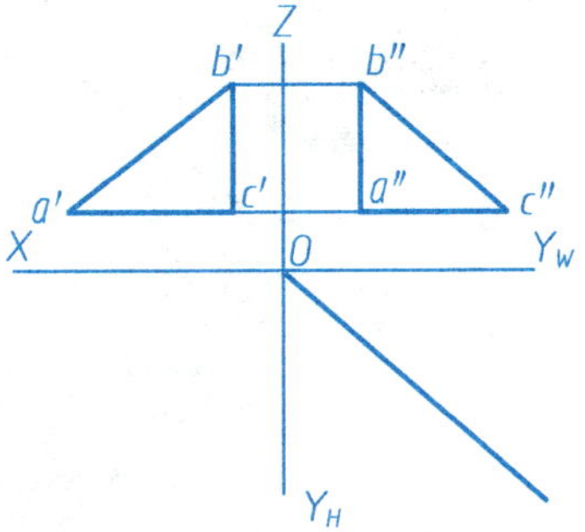

平面图形是________平面

2. 在三视图中标出 P、Q 两平面的第三投影，并在立体图中标出它们的位置（用相应的大写字母标出），并填写它们的名称和相对各投影面的相对位置。

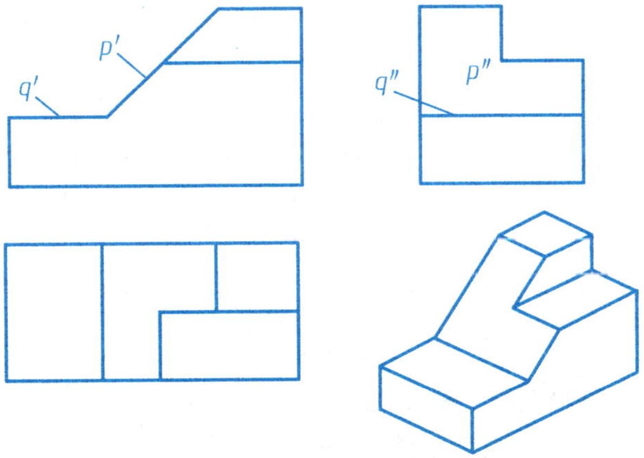

P 是________线

Q 是________线

P ________ V；________ H；________ W

Q ________ V；________ H；________ W

2.5 点、线、面的相对位置

1. 判断点 *K* 是否在 *ABC* 平面上，并在指定位置填“在”“不在”。

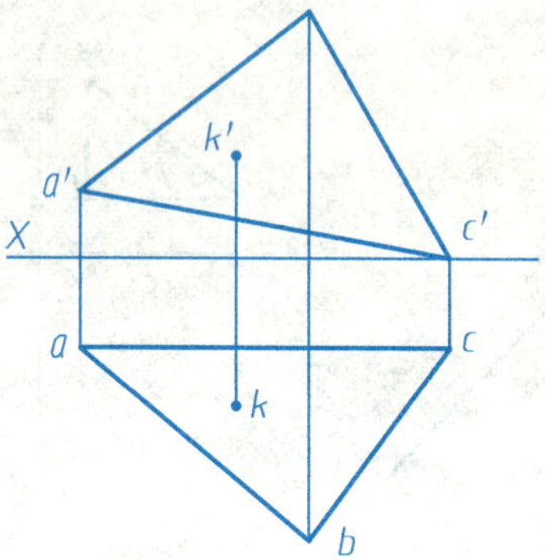

点 *K* ________ *ABC* 平面上

2. 判断线段 *MN* 是否在 *ABC* 平面上，并在指定位置填“在”“不在”。

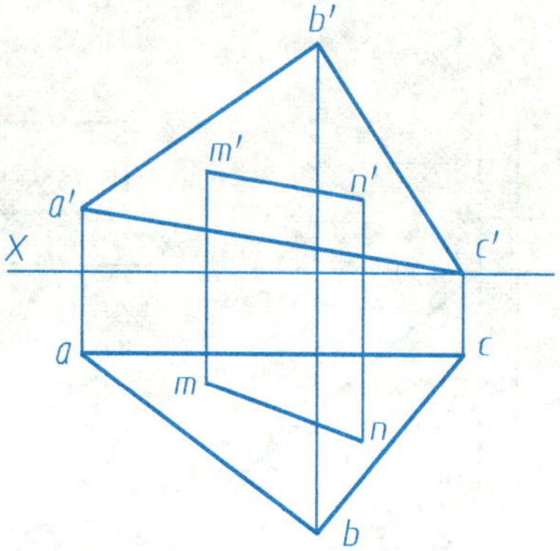

MN ________ *ABC* 平面上

3. 补全五边形 *ABCDE* 的正面投影。

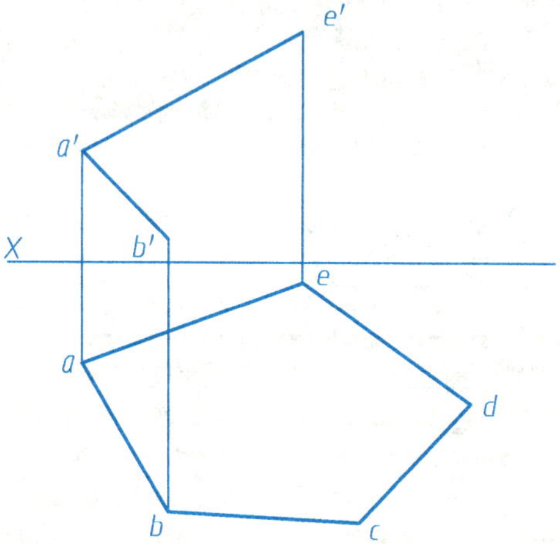

4. 作线段 *MN* 和 *ABC* 的交点 *K*，并判断线段投影的可见性。

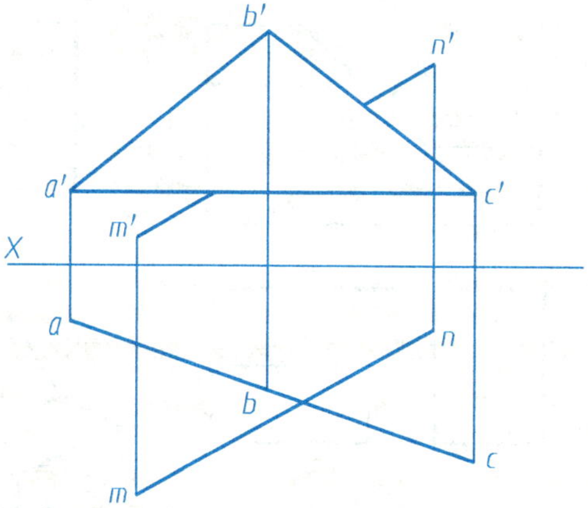

3.1　平面立体三视图及表面取点

1. 求六棱柱的水平投影,并求其表面上点 A、B 的另外两个投影。

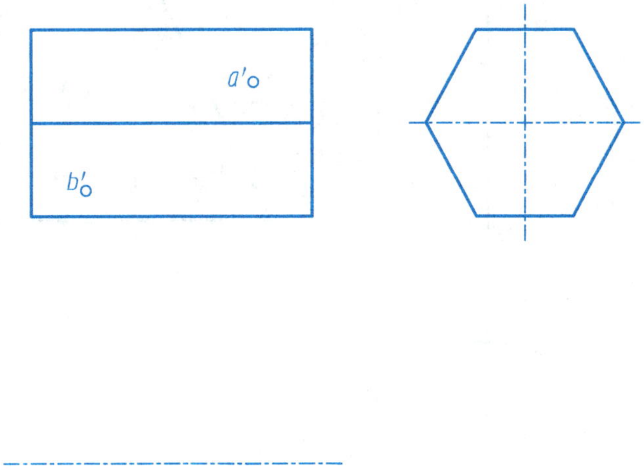

2. 求四棱台的侧面投影,并求其表面上点 A、B、C 的另外两个投影。

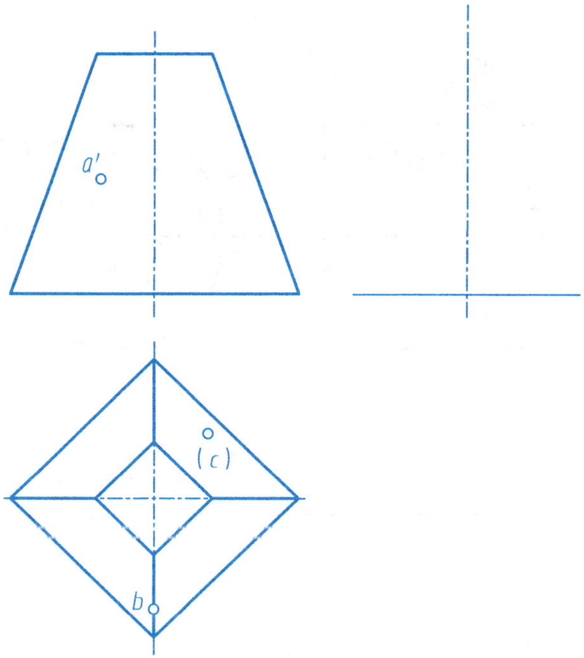

3.2 曲面立体三视图及表面取点

1. 求立棱柱的水平投影，并求其表面上点 A、B 的另外两个投影。

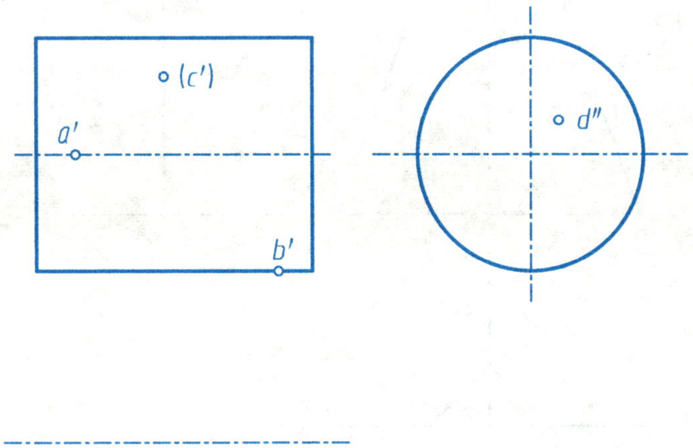

2. 求四棱台的侧面投影，并求其表面上点 A、B、C 的另外两个投影。

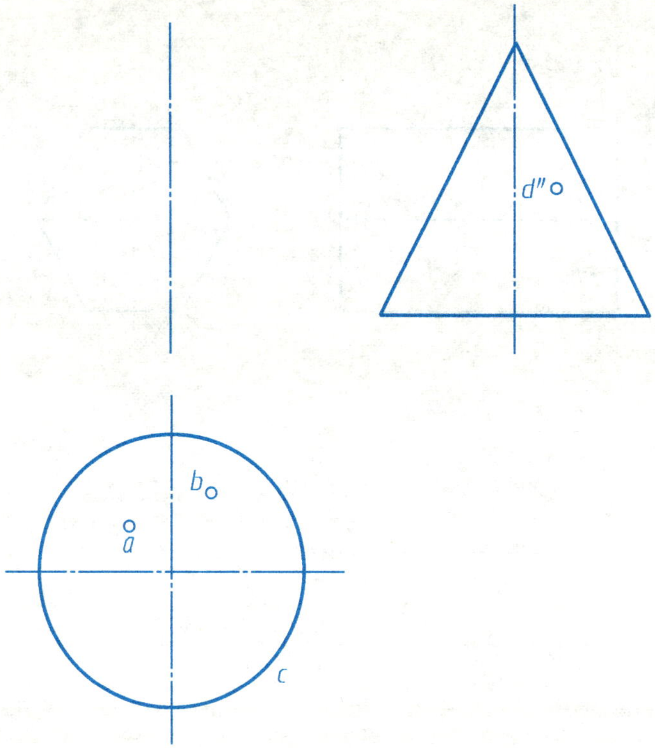

1. 补全六棱柱被截切水平投影所缺的线，并求出其侧面投影。

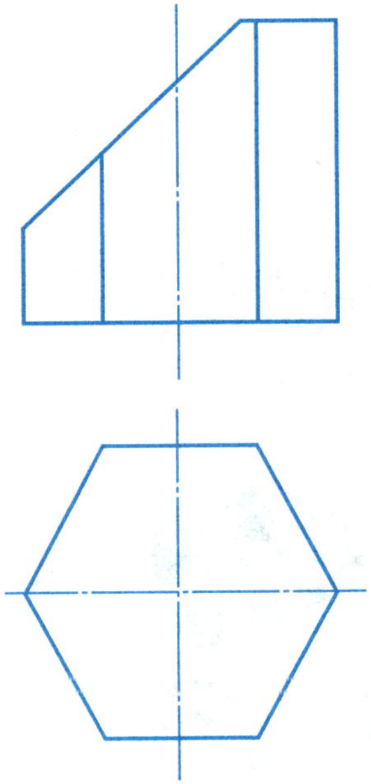

2. 补全三棱锥被截切水平投影所缺的线，并求出其侧面投影。

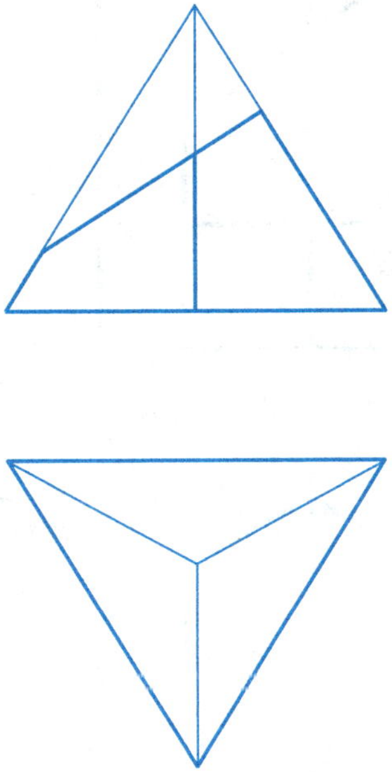

3. 根据立体的投影,求其侧面投影。

班级　　　　　　　　姓名　　　　　　　　学号

4. 完成三棱锥的水平投影,求侧面投影。

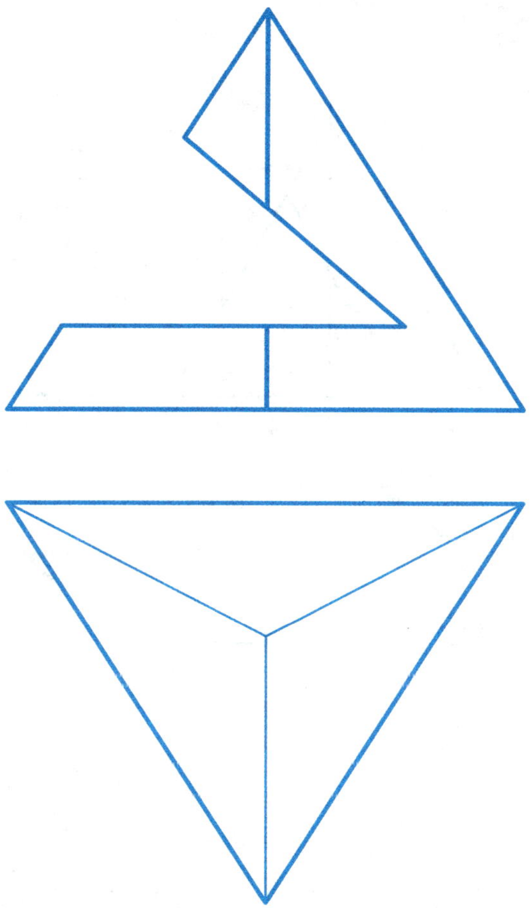

3.4 曲面立体截交线

1. 补全圆柱被截切后水平投影所缺的线，并求出其侧面投影。

2. 补全三棱锥被截切水平投影所缺的线，并求出其侧面投影。

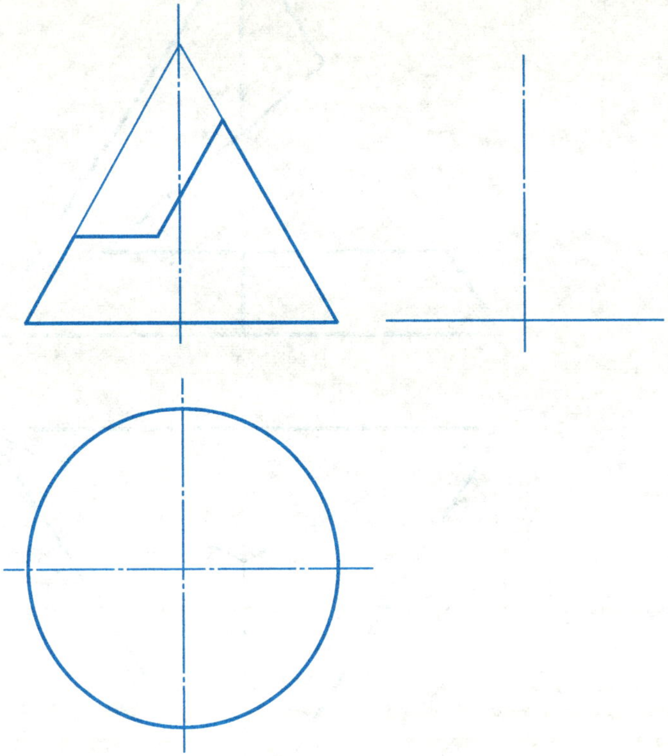

3. 完成立体被平面截切后的水平投影。

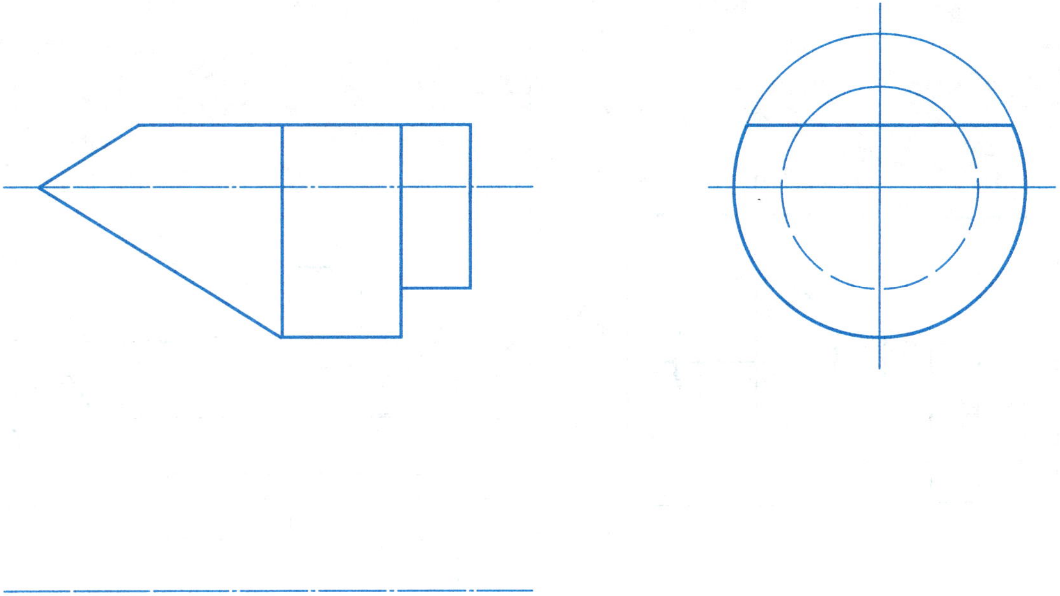

1. 求立体的相贯线，完成立体的正面投影。

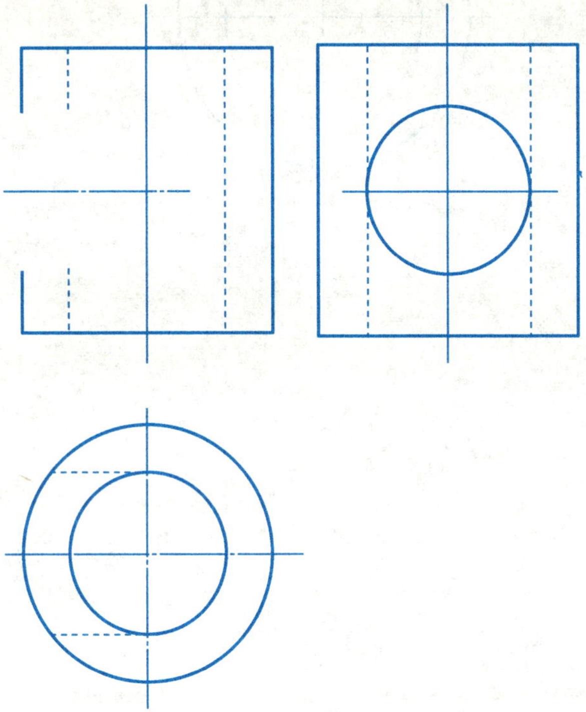

2. 求立体的相贯线，完成立体的正面投影。

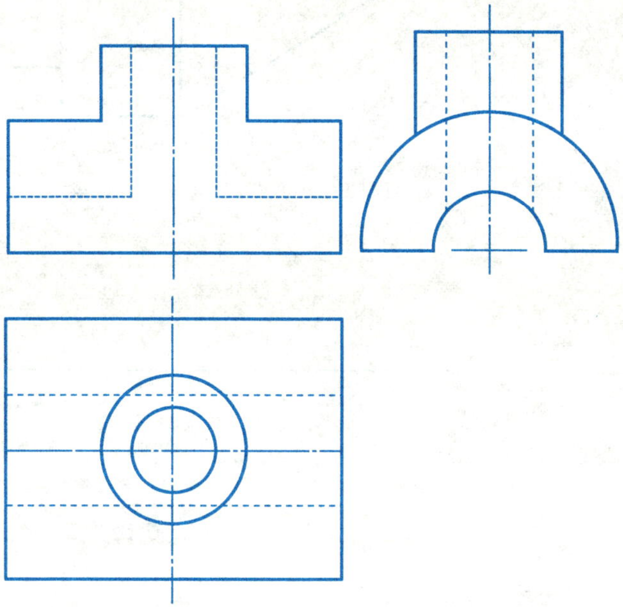

3. 求立体的相贯线，完成立体的正面投影。

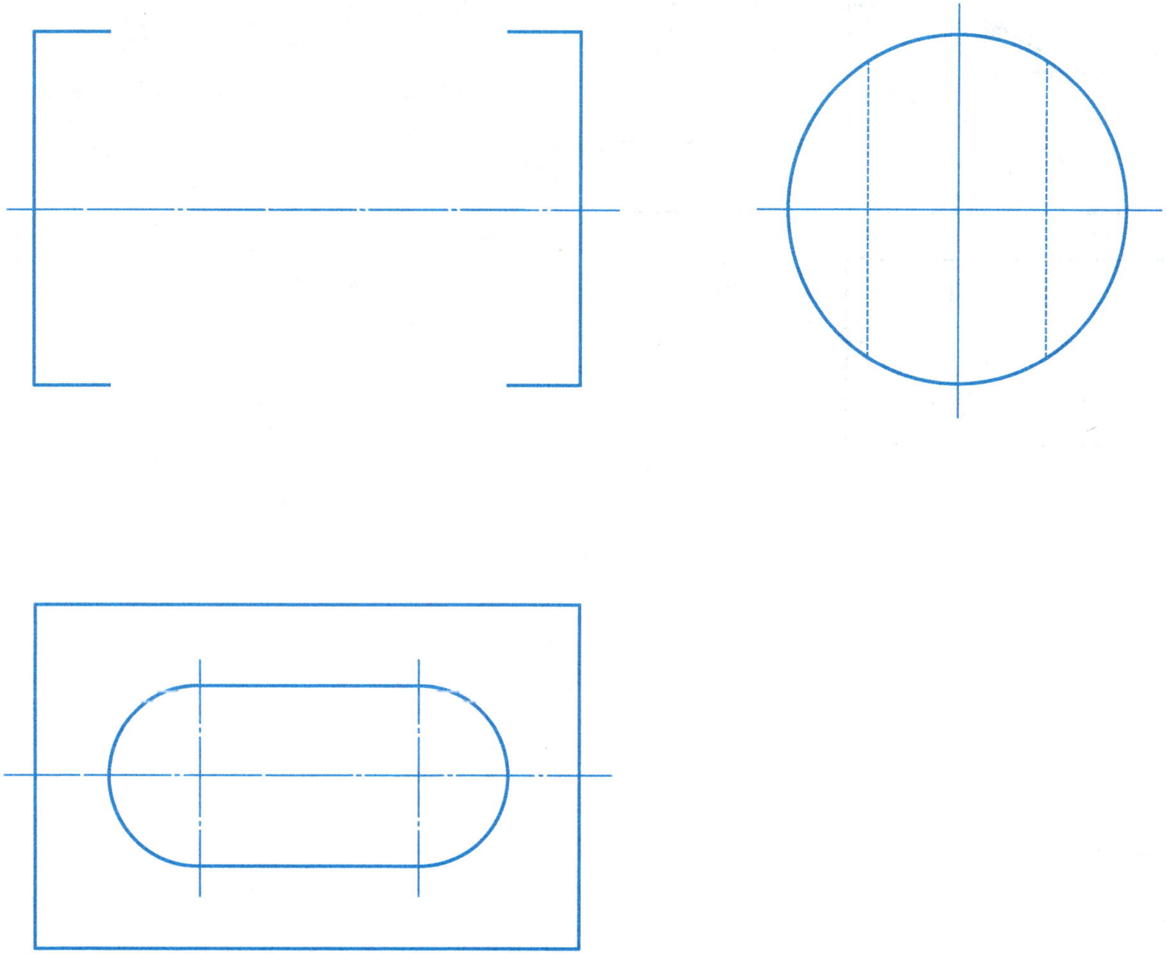

1. 根据已知三视图,在指定位置作正等轴测图。

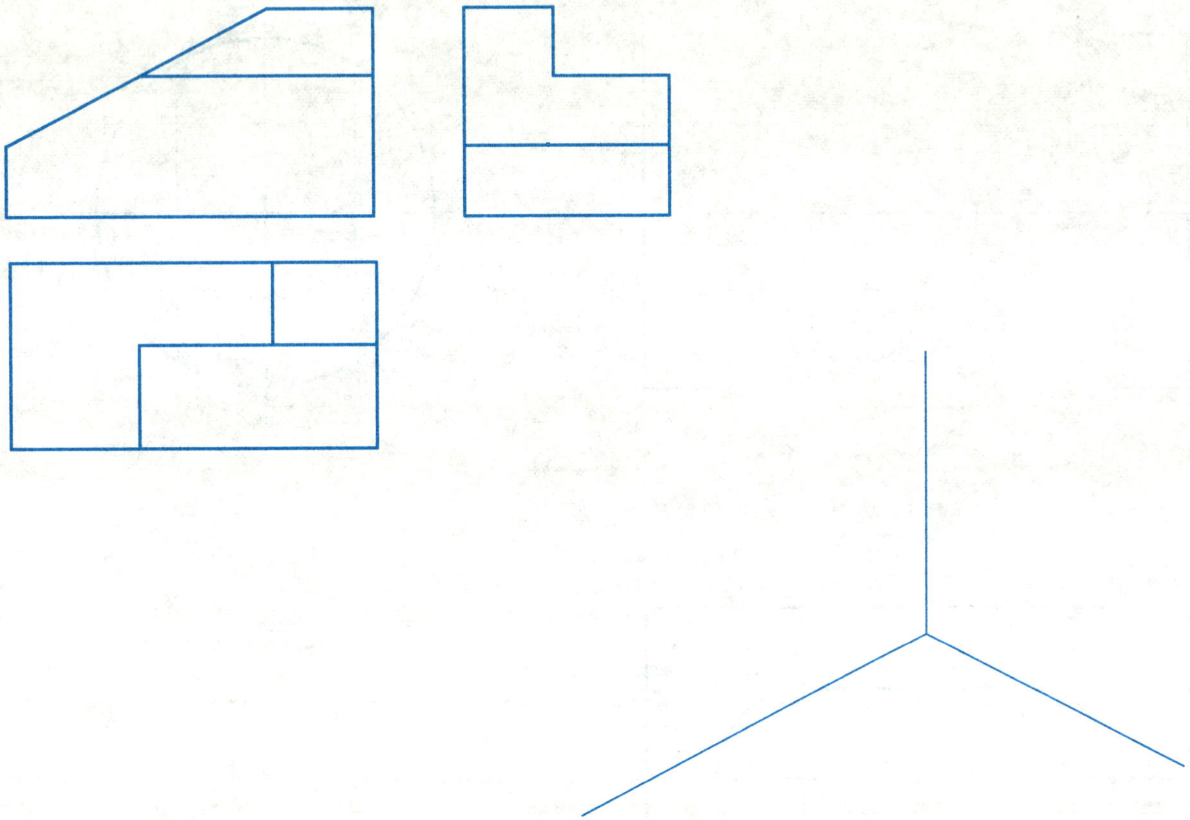

 班级 姓名 学号

2. 根据已知二视图，在指定位置作斜二轴测图。

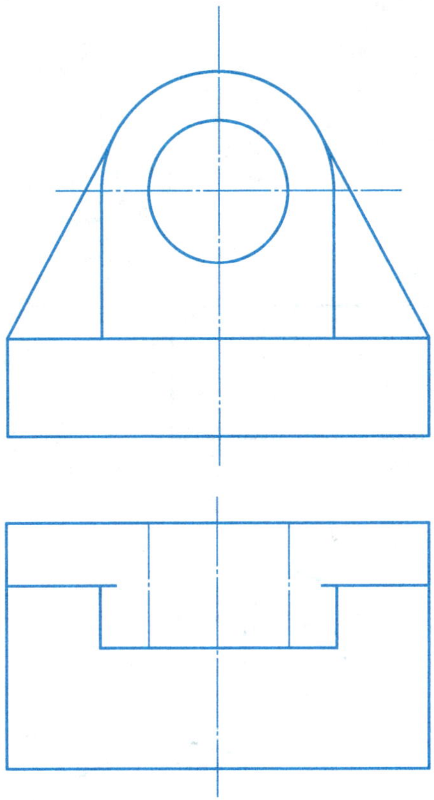

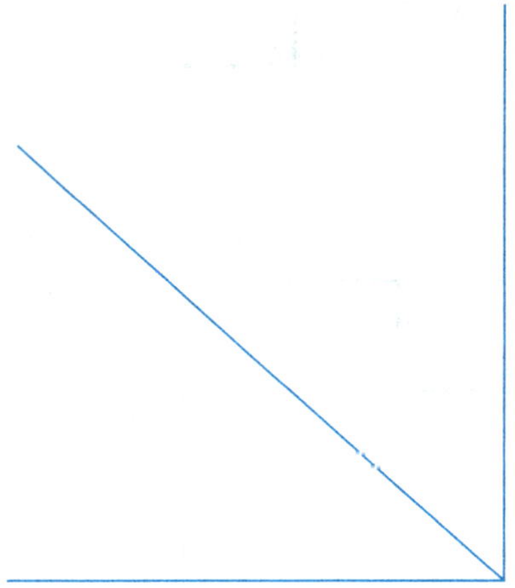

1. 根据立体图补全组合体的三视图。

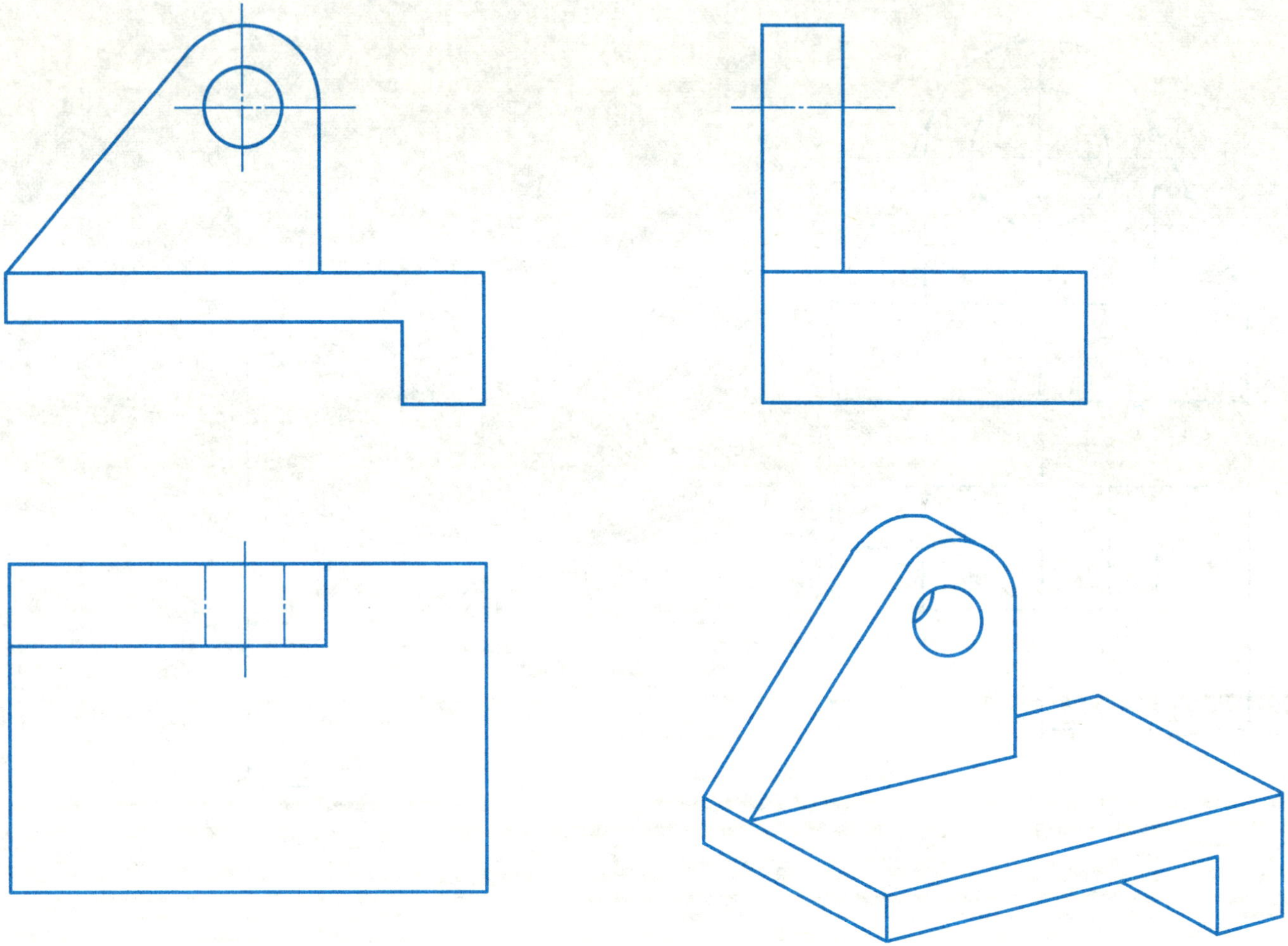

2. 根据立体图补全组合体的三视图。

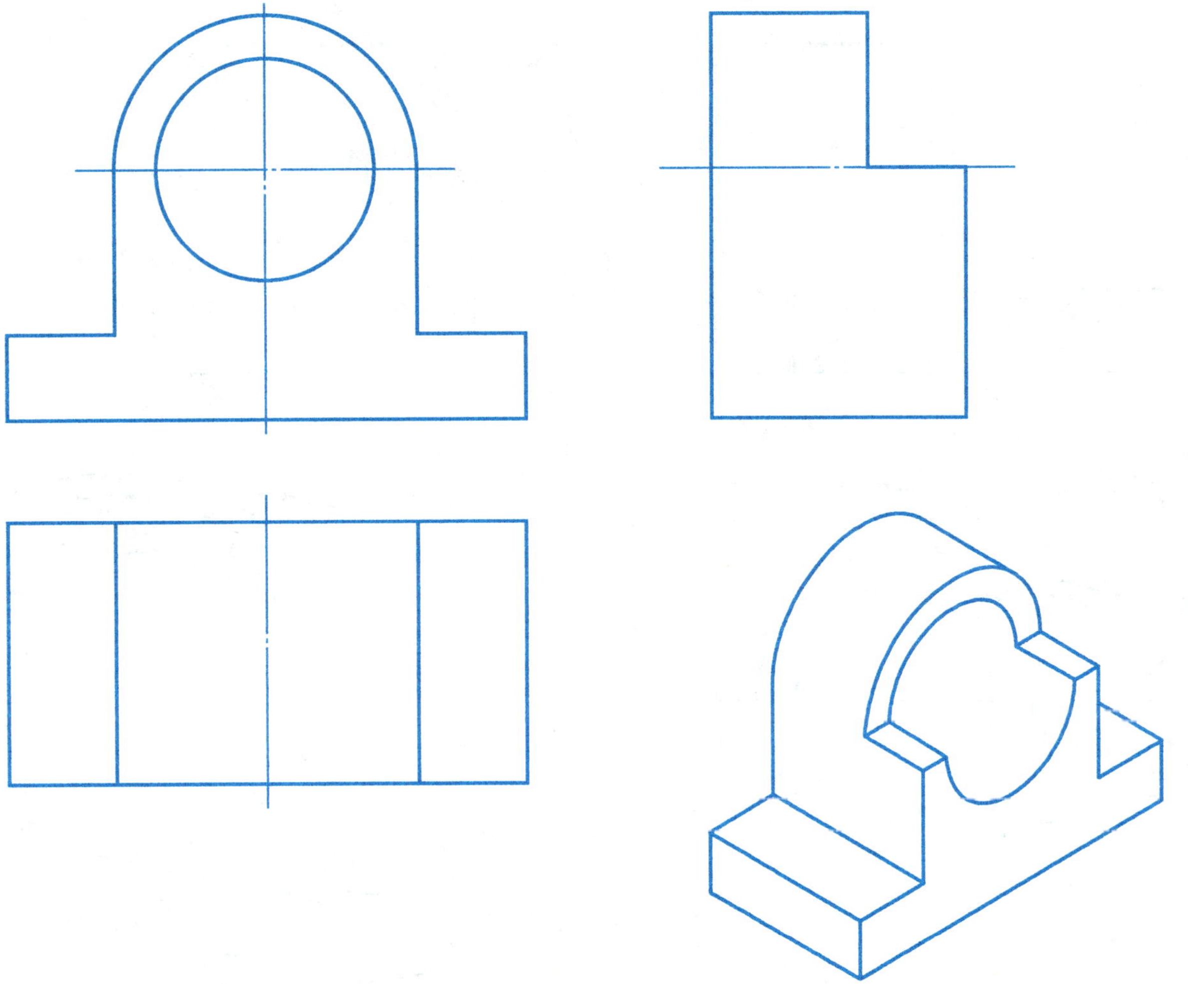

3. 根据立体图补全组合体的三视图。

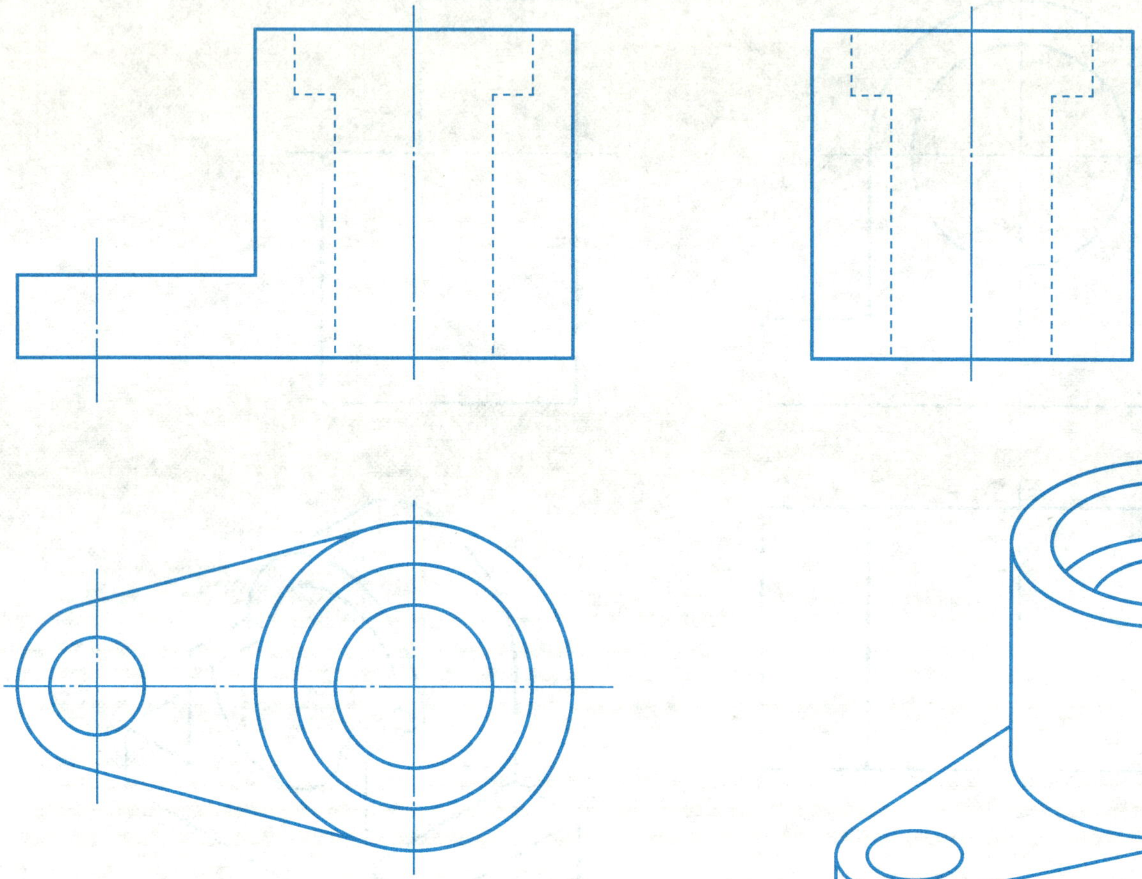

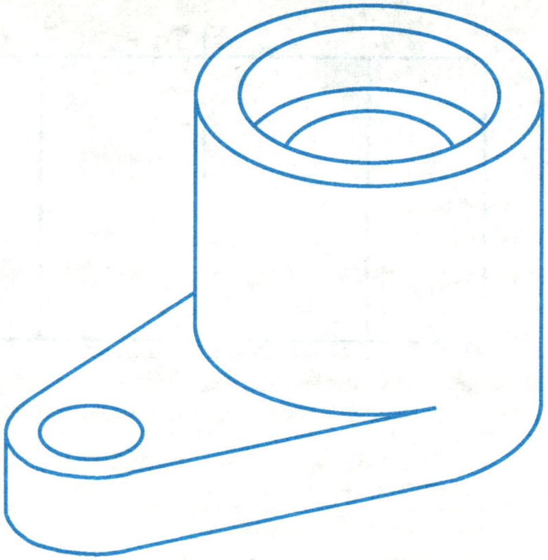

班级　　　　姓名　　　　学号

4. 根据立体图补全组合体的三视图。

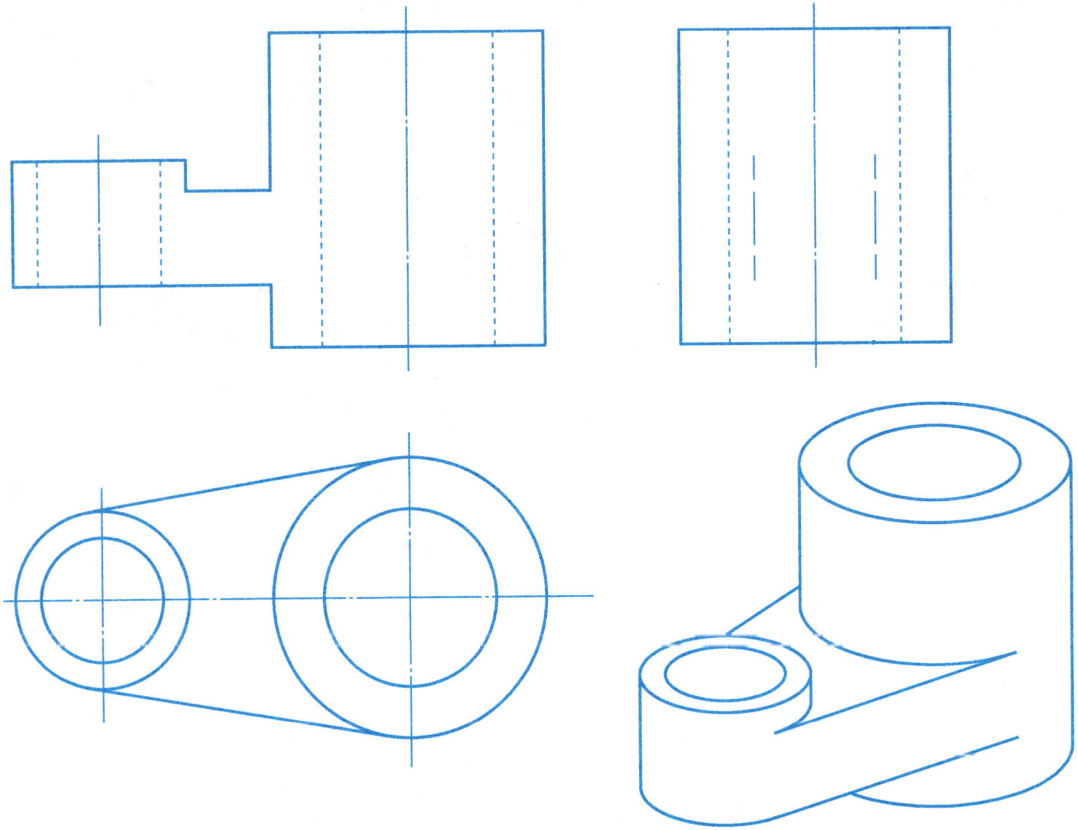

5. 根据立体图画出组合体的三视图。

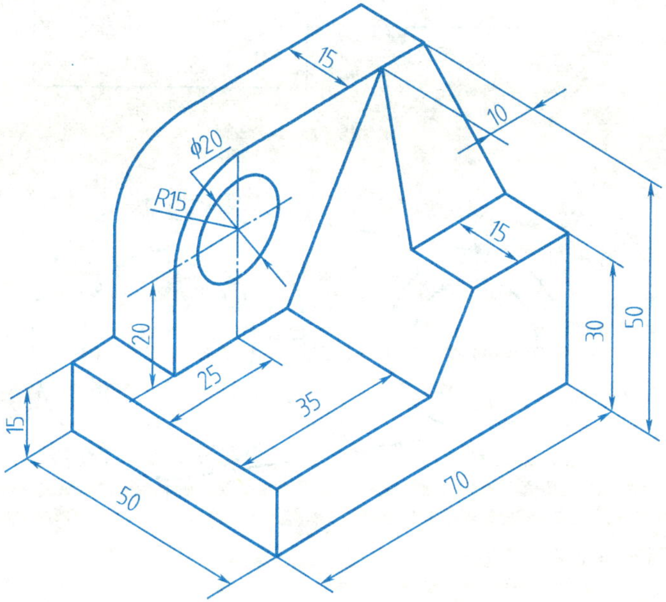

6. 根据立体图画出组合体的三视图。

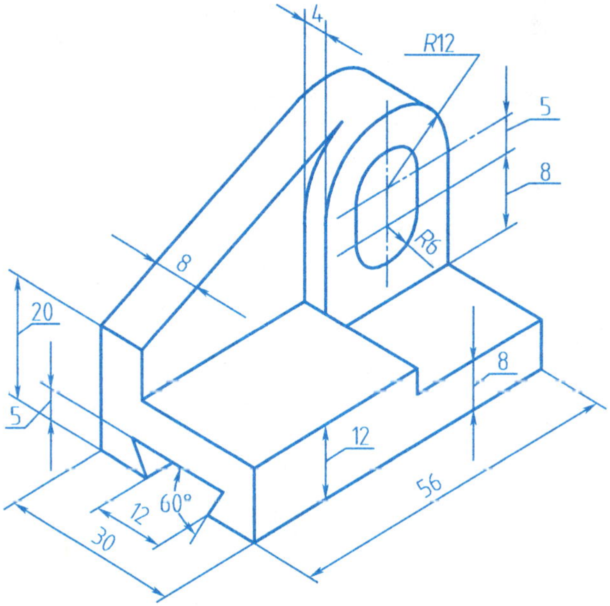

7. 根据立体图画出组合体的三视图。

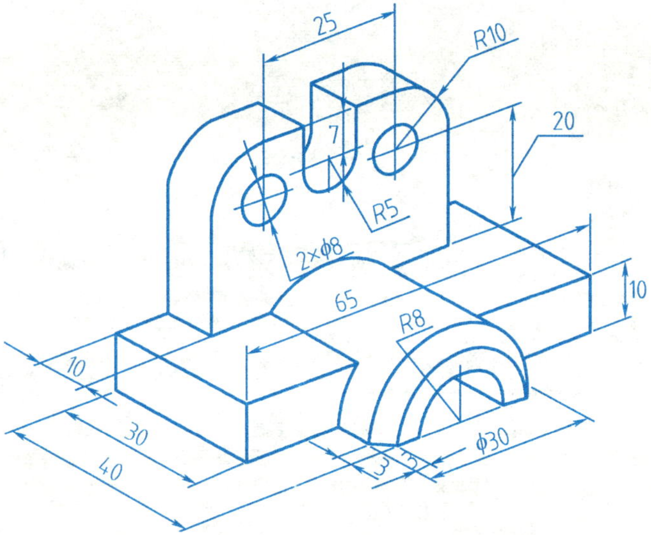

8. 标注组合体视图的尺寸，尺寸数值在图中量取，取整数。

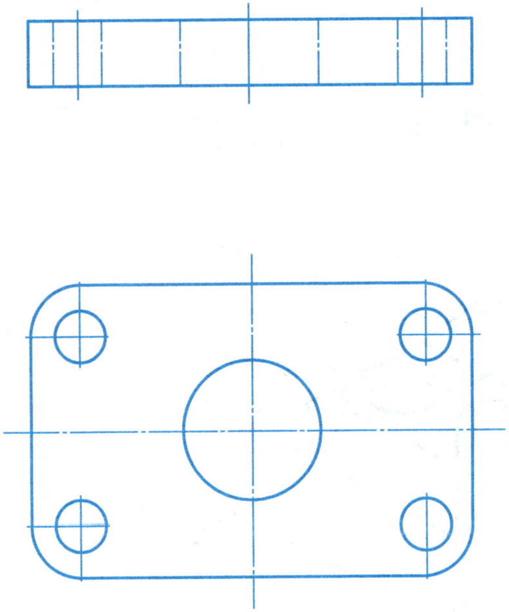

9. 标注组合体视图的尺寸，尺寸数值在图中量取，取整数。

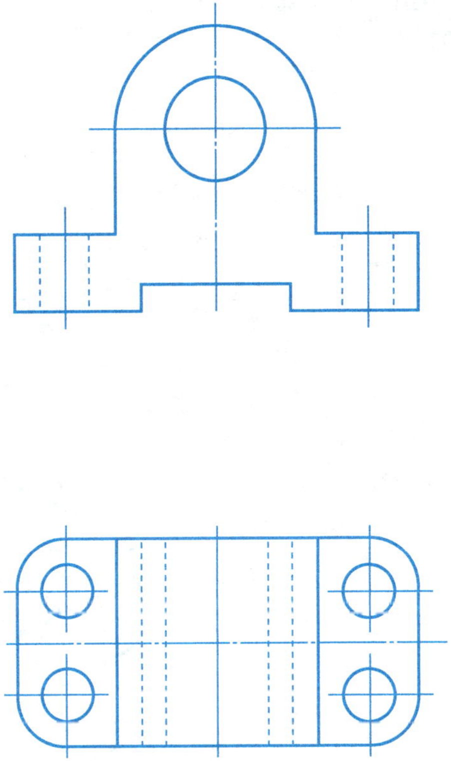

10. 第二次制图大作业——组合体视图。根据立体图及尺寸画出组合体三视图。

要求：图形正确，布局匀称，线型清晰，精细分明，尺寸完整，连接光滑，图面整洁。

图名：组合体。

图幅：A3 图纸。

比例：按机件大小与图幅确定比例。

图号：KH－02。

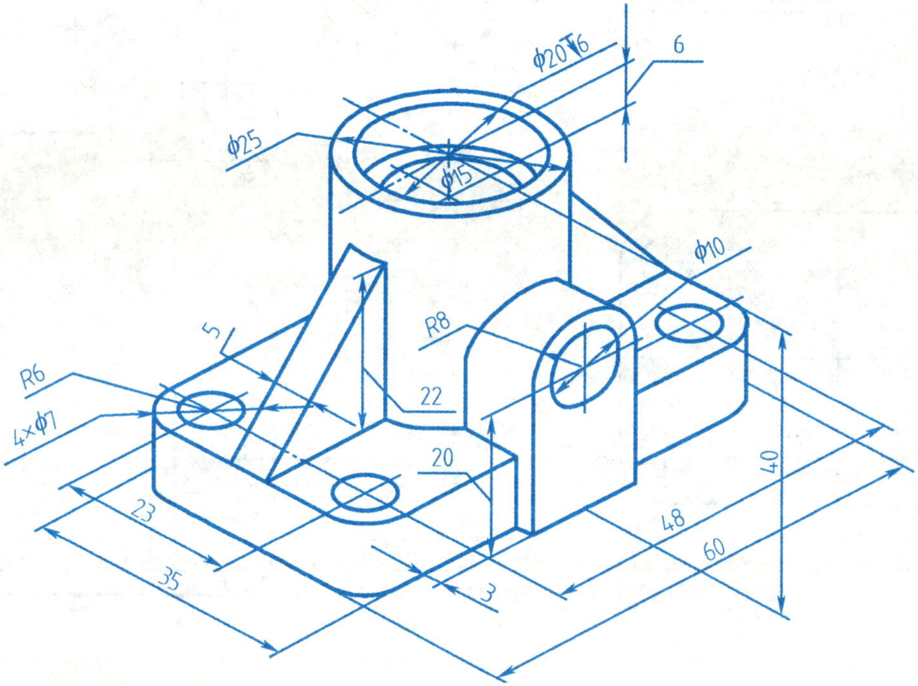

项目6 图样画法

6.1 视图

1. 根据已知二视图,在指定位置画出四个基本视图。

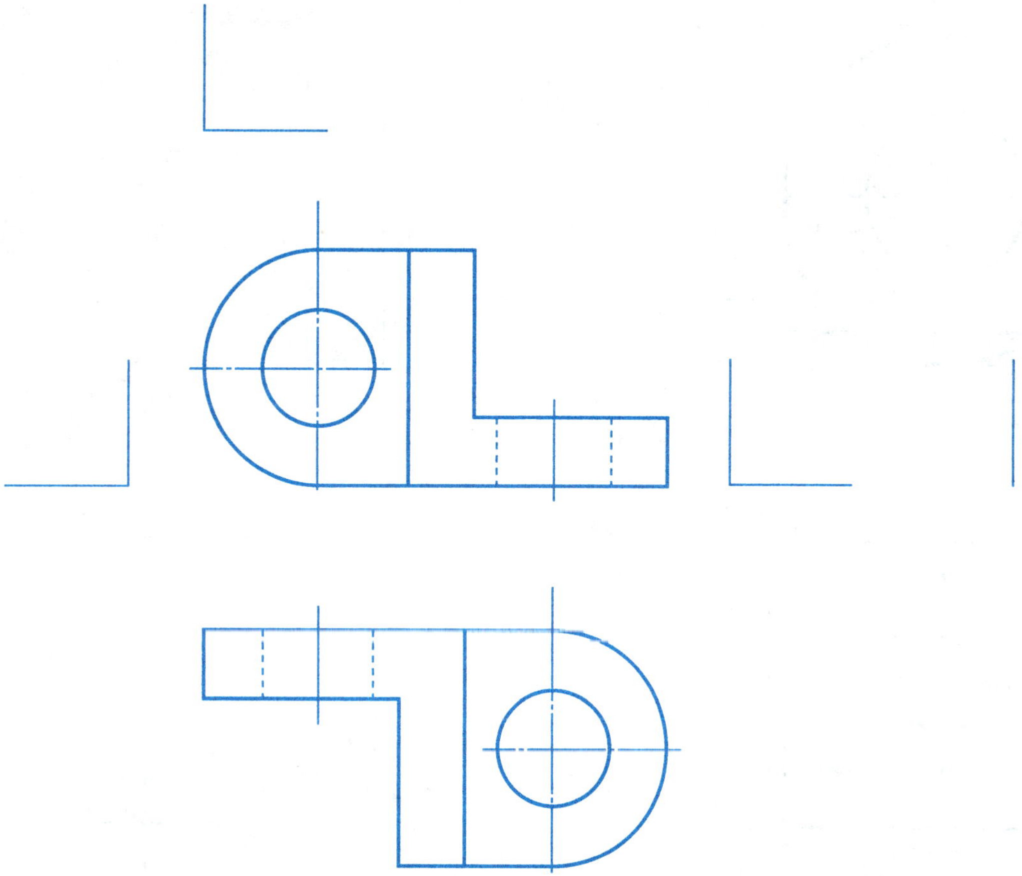

2. 根据已知二视图，在指定位置画出左视图，画出 *A* 向和 *B* 向视图。

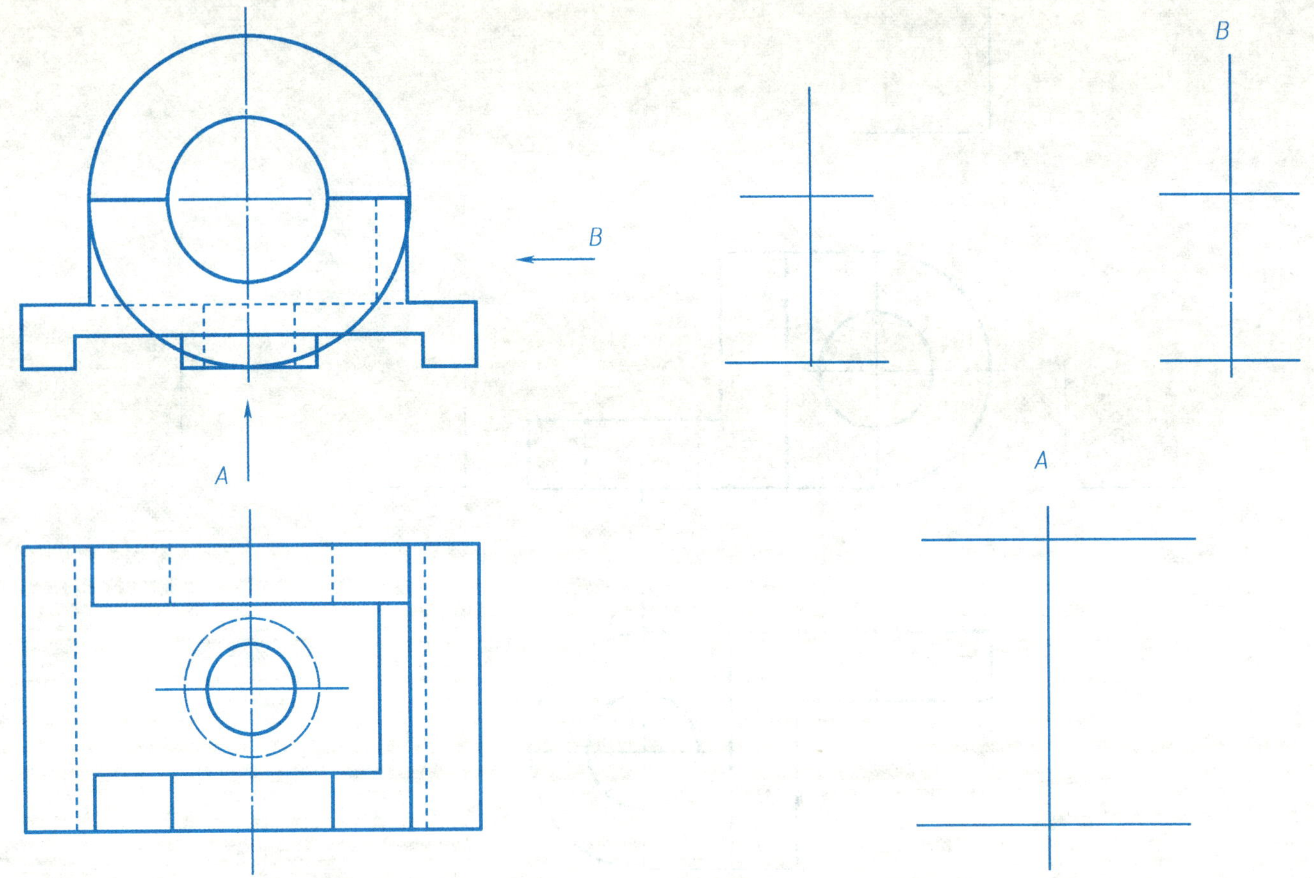

3. 根据已知二视图，画出 *A* 向斜视图和 *B* 向局部视图。

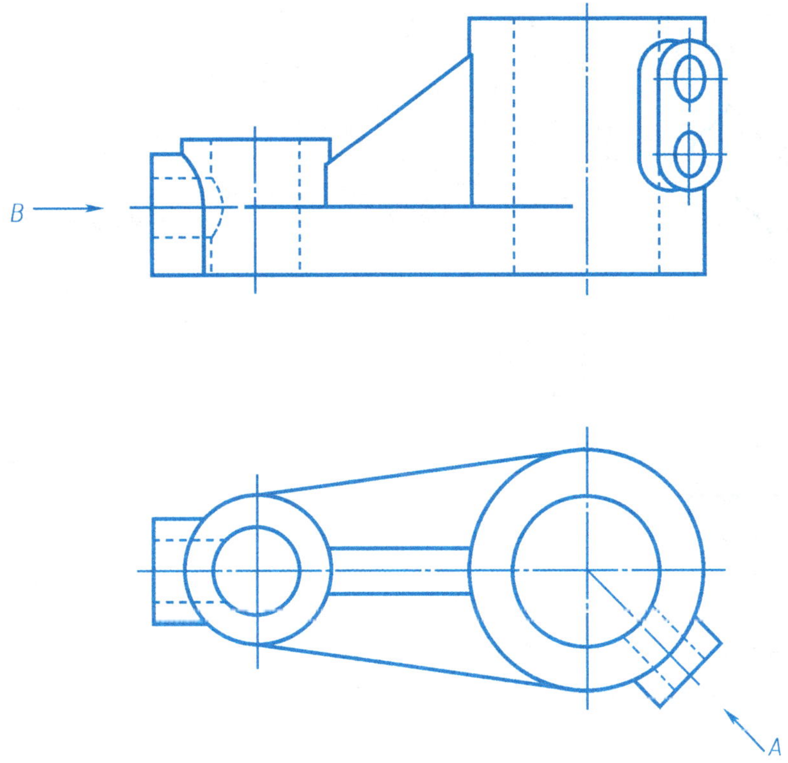

4. 画出 *A* 向和 *B* 向视图。

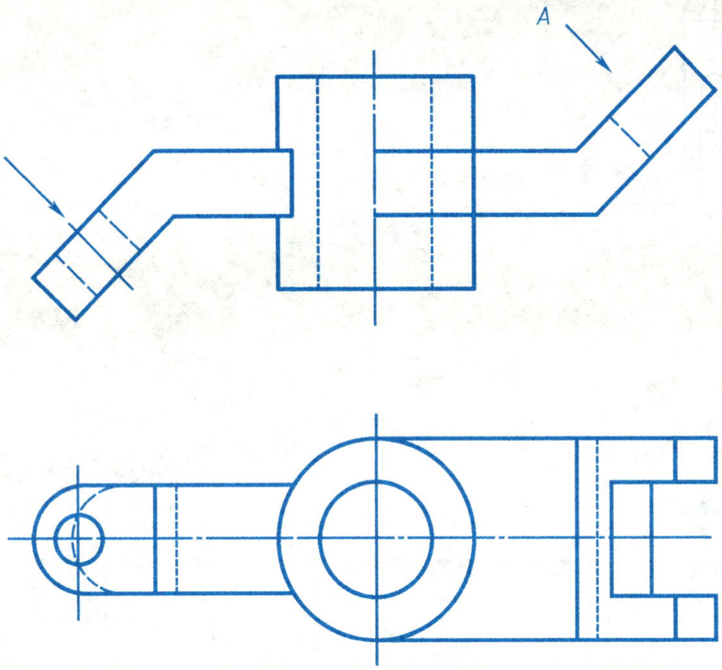

1. 补全剖视图中所缺轮廓线及剖面线。

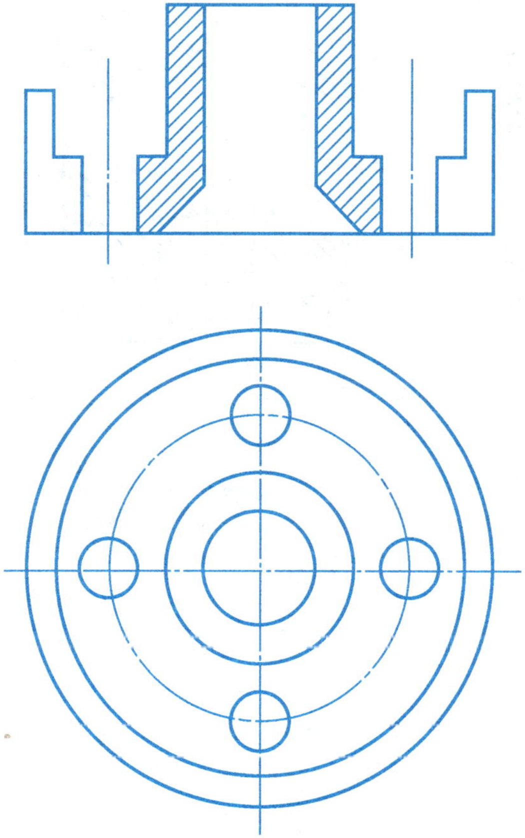

2. 补全剖视图中所缺轮廓线及剖面线。

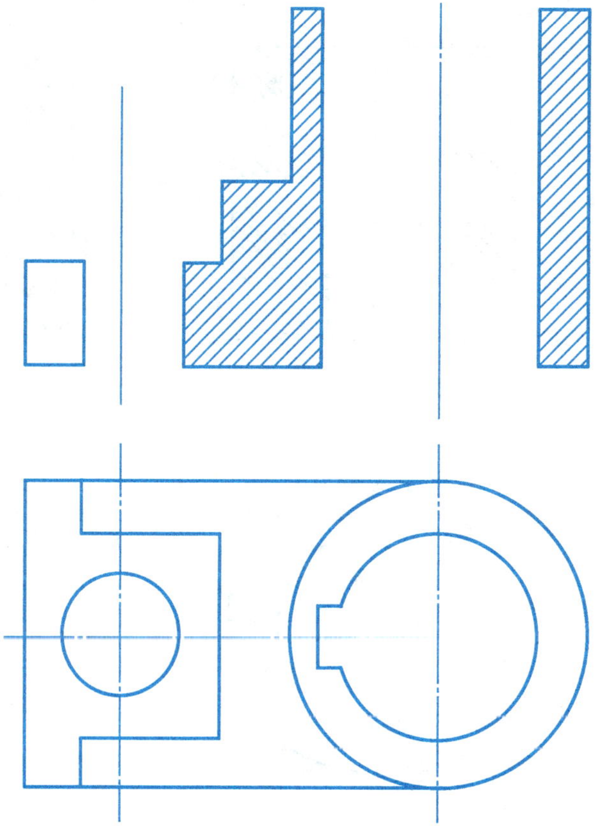

班级　　姓名　　学号

3. 改正下列剖视图中的错误，补上漏的图线，多余的图线打叉。

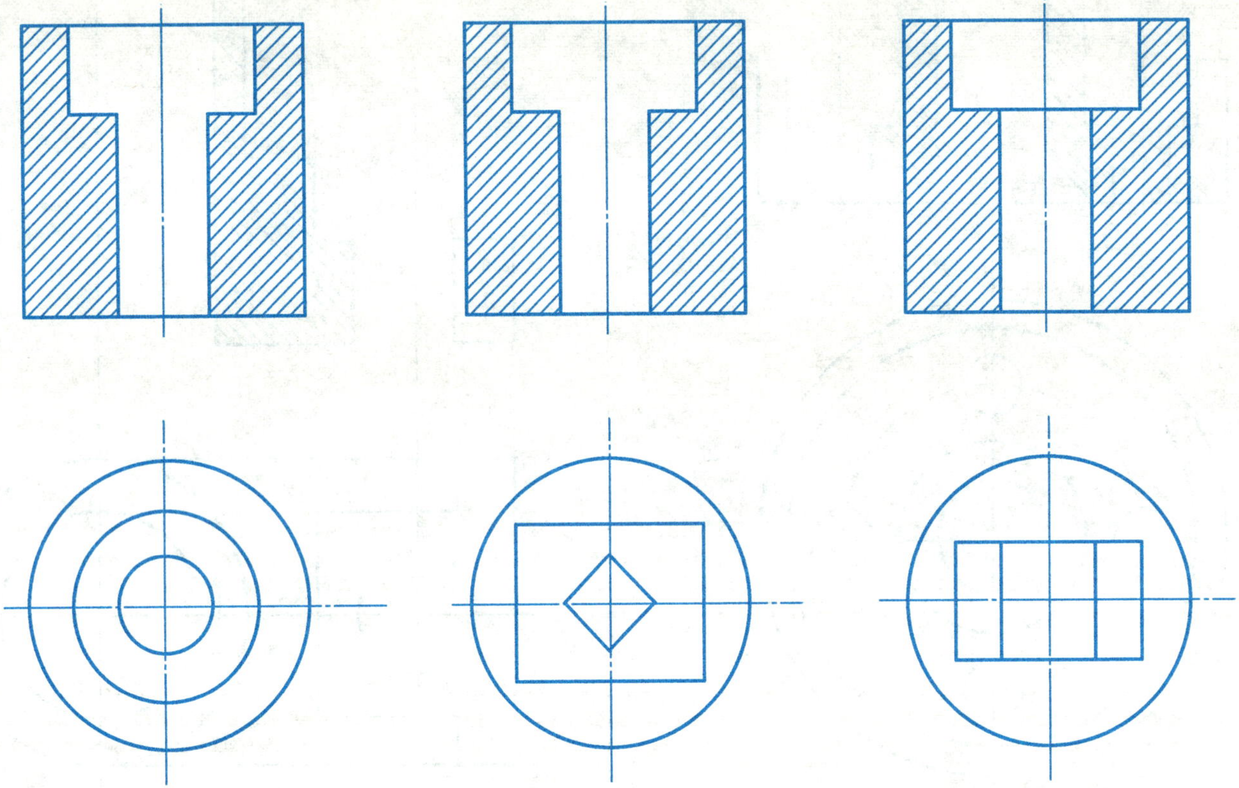

4. 已知左侧的二视图,将主视图改画成剖视图,画在右侧位置。

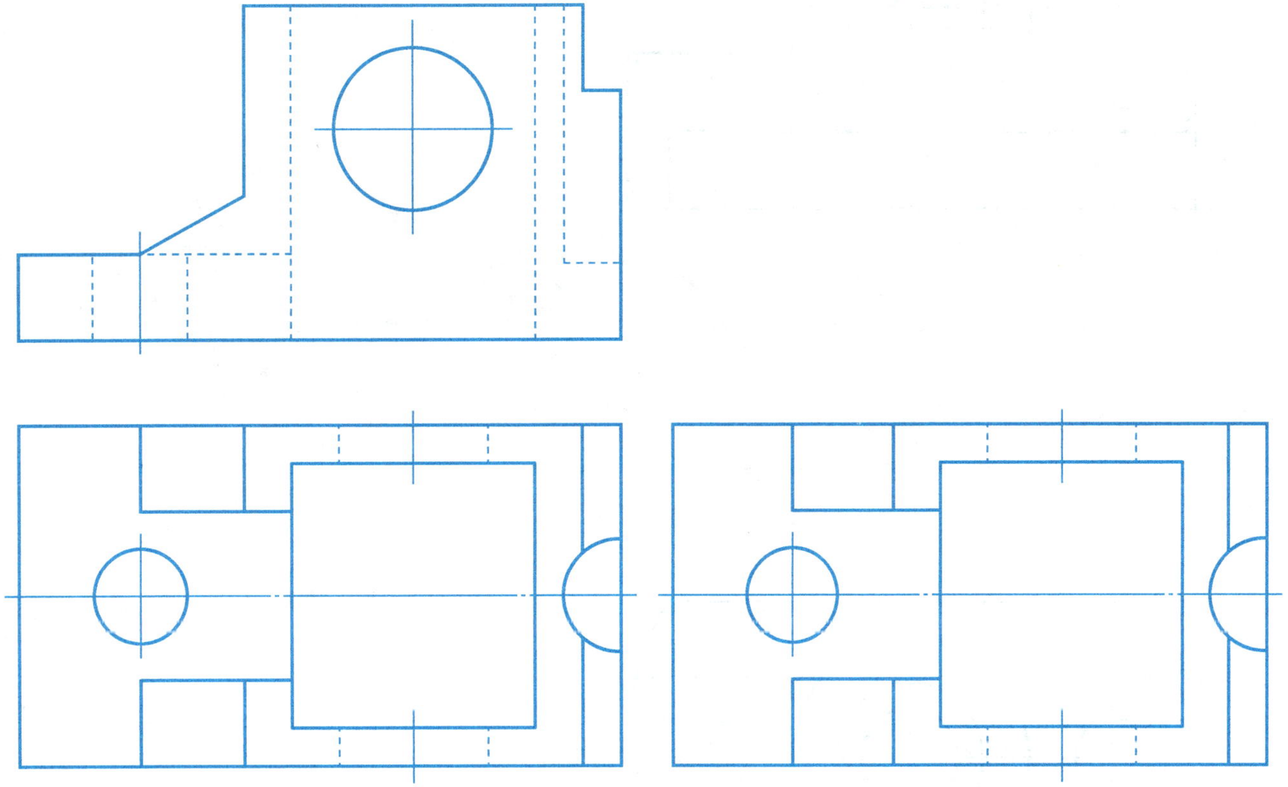

5. 将主视图改画成半剖视图(画在两图中间位置),左视图作全剖视图。

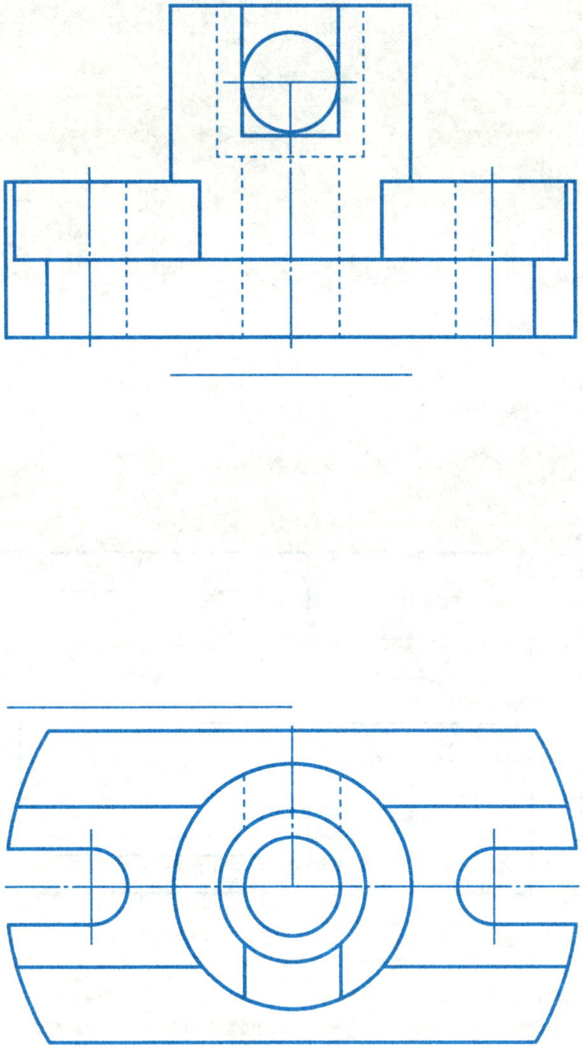

6. 已知左侧的二视图，将主视图改画成全剖视图，画在右侧位置。

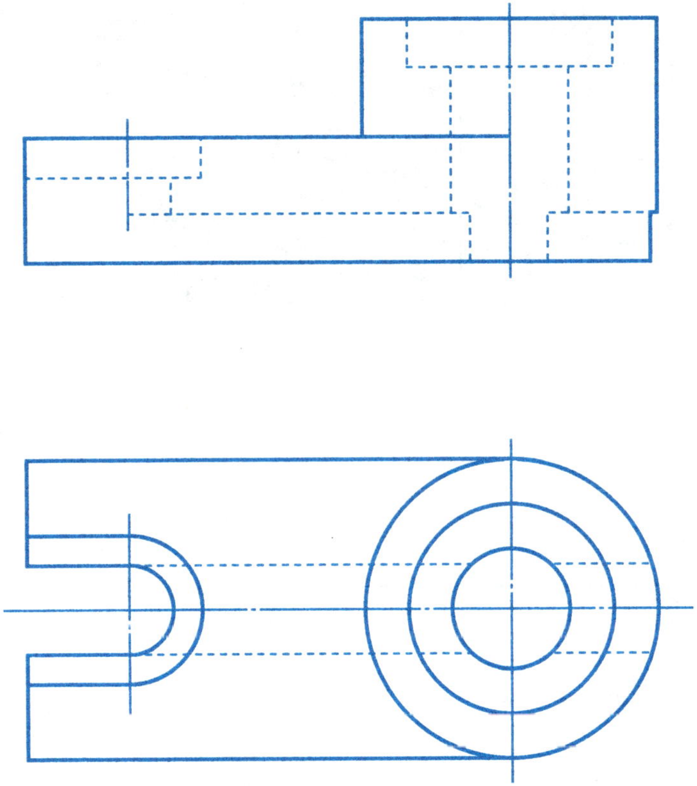

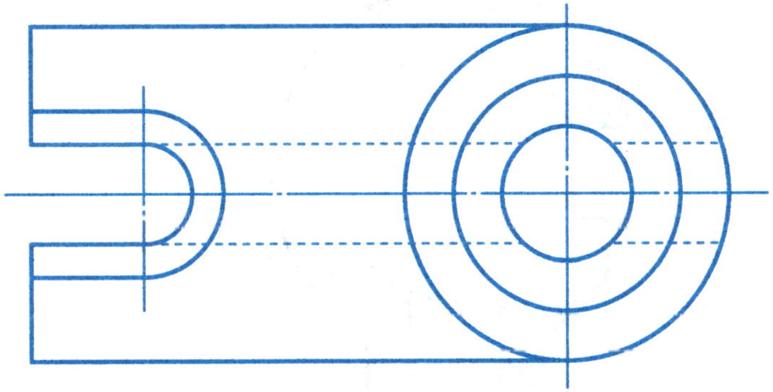

7. 在指定位置画出正确的局部剖视图。

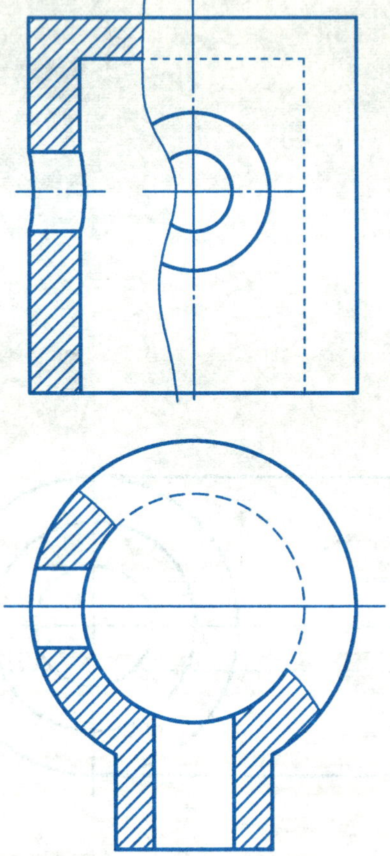

8. 将主、俯视图改画成局部剖视图。

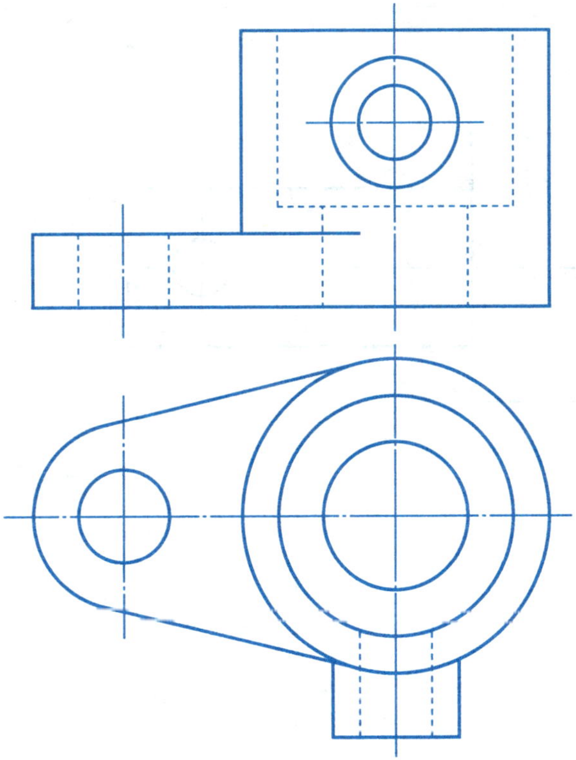

1. 作出轴上平面(前后对称)、键槽、孔处的移出断面图。

1. 第三次制图大作业——剖视图。根据立体的二视图画出三视图，做适当的剖视，并标注尺寸（按 1:1 量取整数）。

要求：图形正确，布局匀称，线型清晰，粗细分明，尺寸完整，连接光滑，图面整洁。

图名：剖视图。

图幅：A3 图纸。

比例：按机件大小与图幅确定比例。

图号：KH－03。

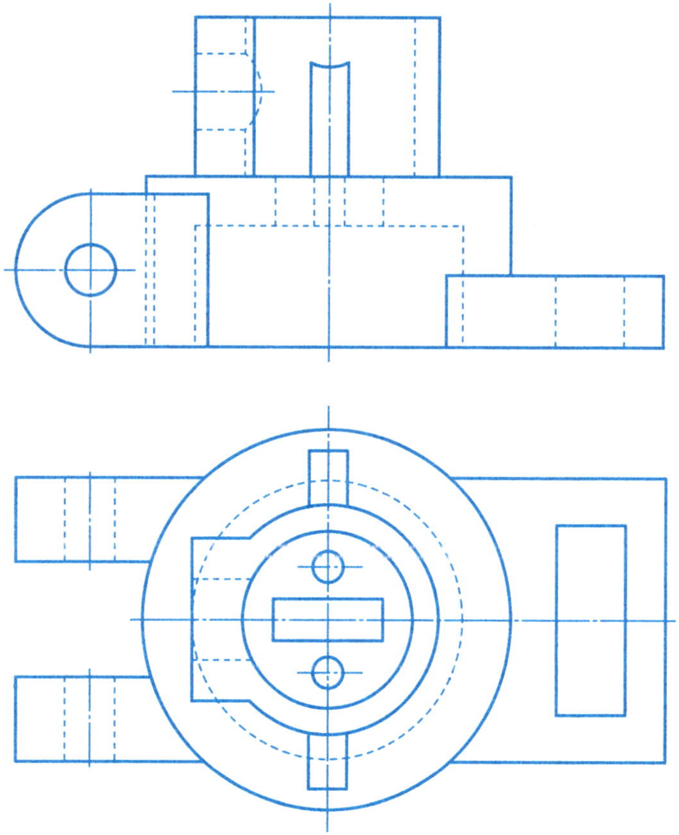

1. 将图中错处指出，将正确的画在指定位置（包括尺寸）。

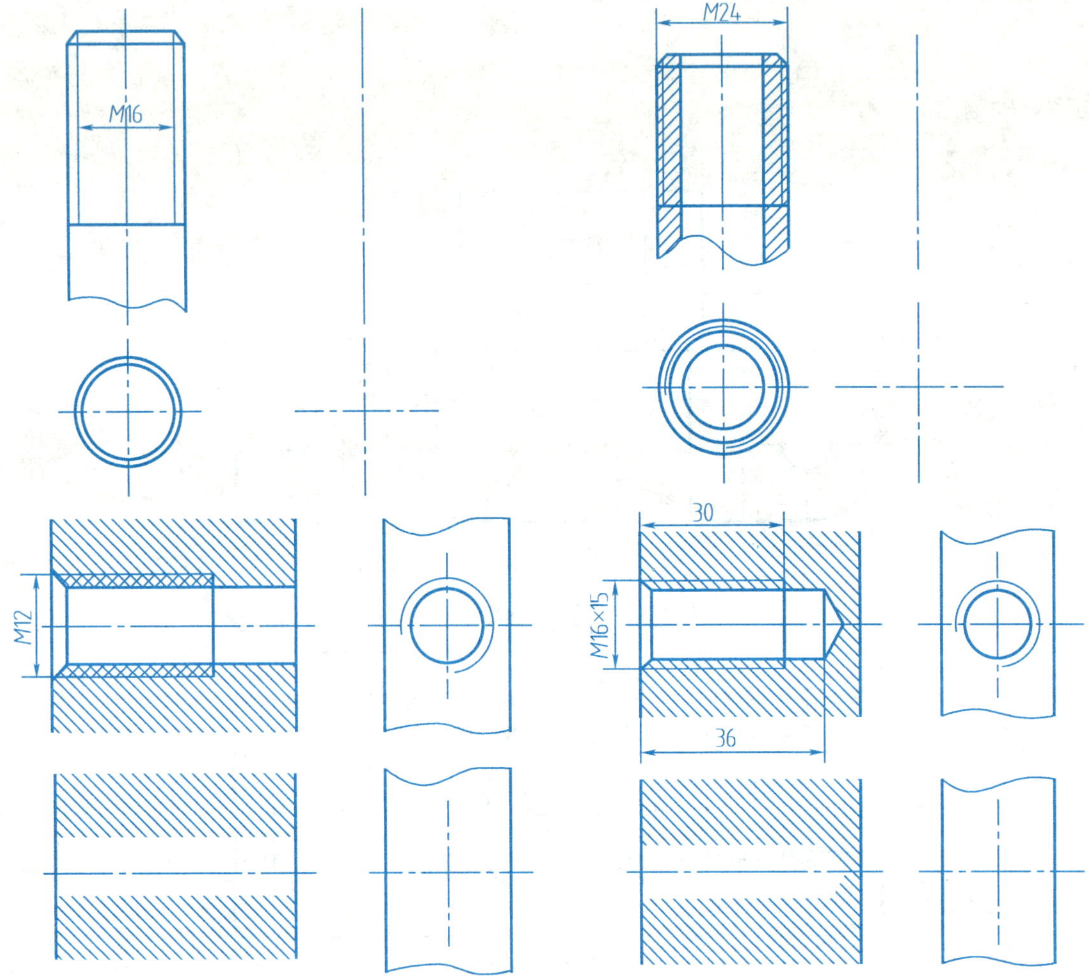

2. 用比例画法画出螺栓装配图。已知:螺栓 GB/T5782M12x L,螺母 GB/T6170M12,垫圈 GB/T97.1 12;被连接件厚度 δ_1 = 20 mm, δ_2 = 16 mm,先确定螺栓公称长度 *L*,然后按比例画出螺栓装配图,主视图画成剖视图,左视图不剖。

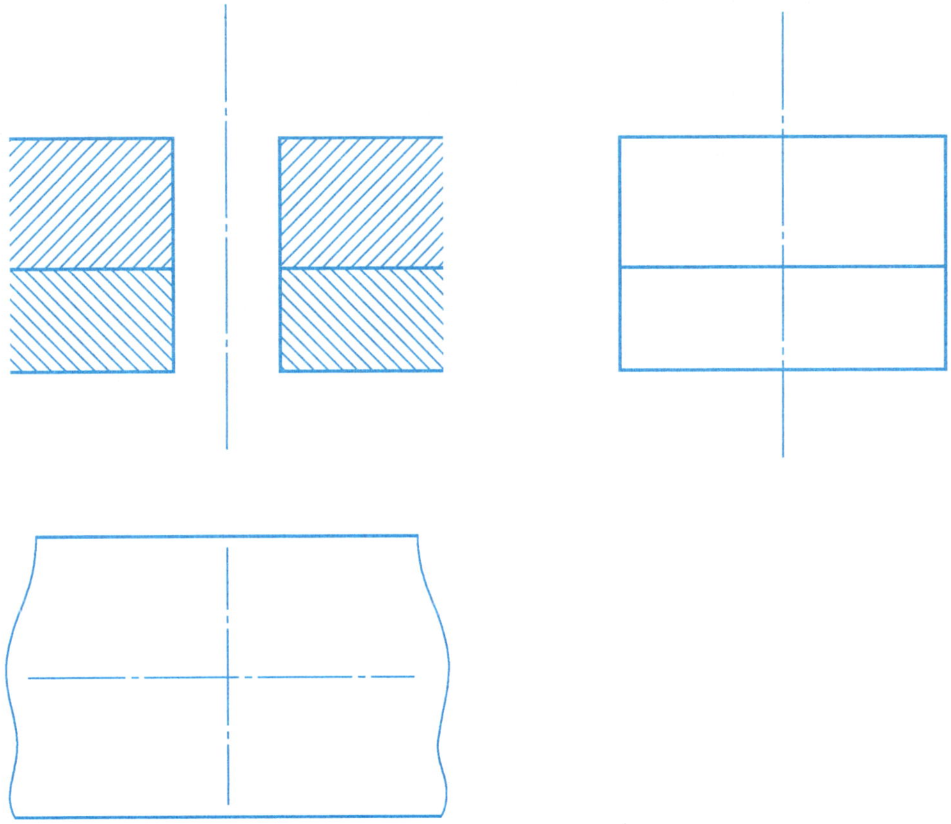

3. 根据轴径(尺寸从图中量取,取整数)查出键的尺寸,画出 $A—A$ 断面图,并标注键槽的尺寸。

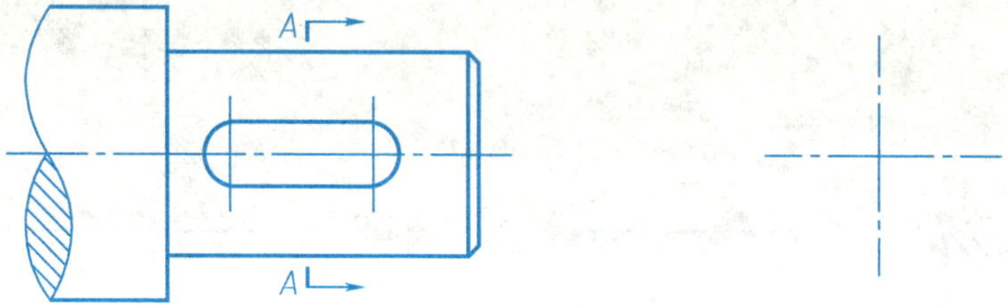

4. 根据轴径(尺寸从图中量取,取整数)查出键的尺寸,画全带轮的主视图及 A 向局部视图,并标注键槽的尺寸。

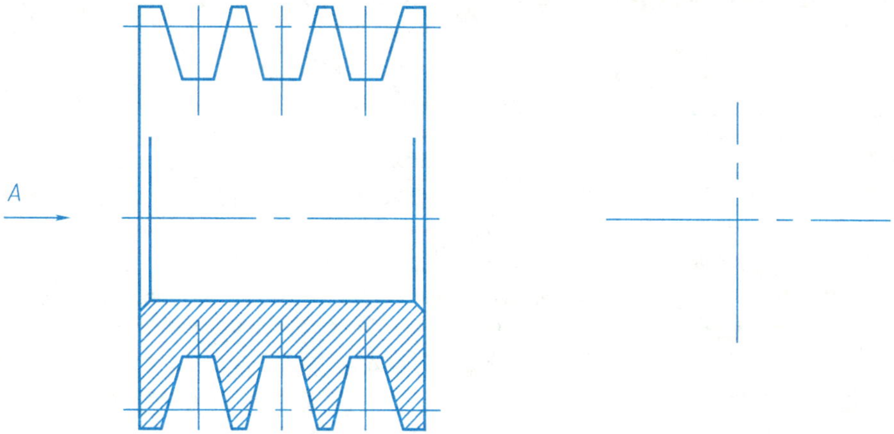

5. 已知一对圆柱齿轮啮合，$m=2$，大齿轮 $z=20$，小齿轮 $z=12$，按规定画法画全齿轮啮合的视图，并计算相关尺寸。

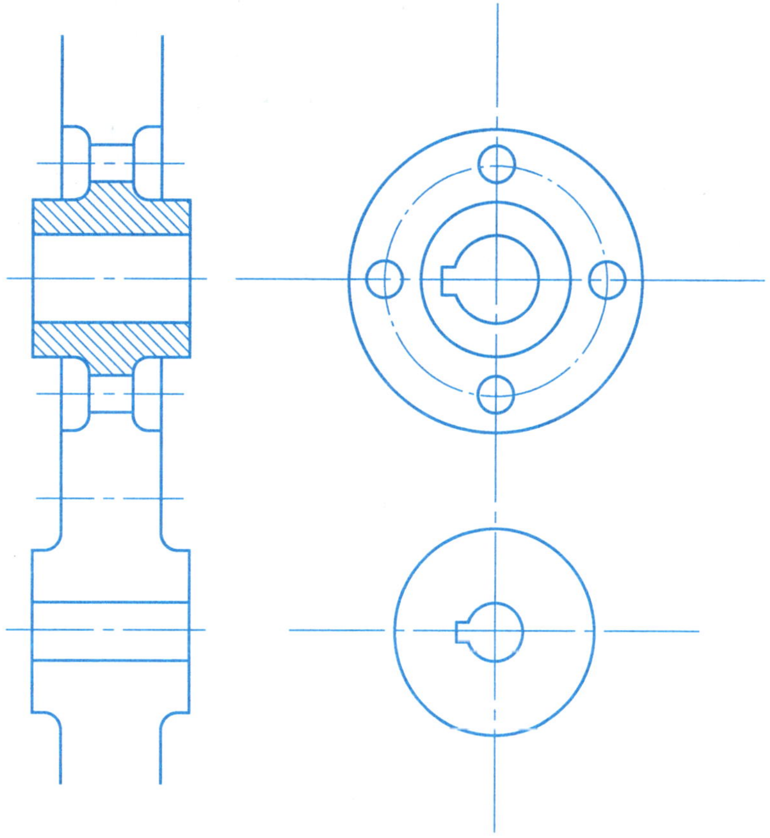

6. 根据下图，画出滚动轴承。

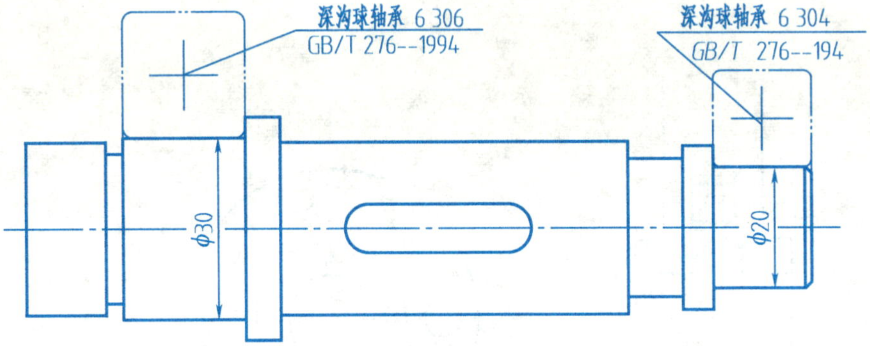

7. 已知圆柱压缩弹簧外径 $D=45$ mm，弹簧丝直径 $d=5$ mm，节距 $t=10$ mm，有效圈数 $n=8$，支撑圈数 $n=2.5$，右旋，画出此弹簧。

1. 标注零件图中的尺寸(尺寸数值按1:1从图中量取,取整数)。图中螺纹为M16x1－6g,键槽尺寸、倒角、退刀槽尺寸应查表。

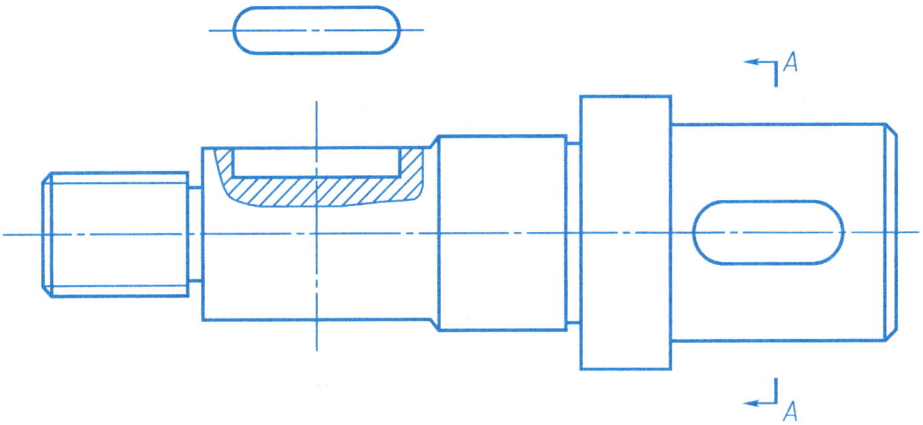

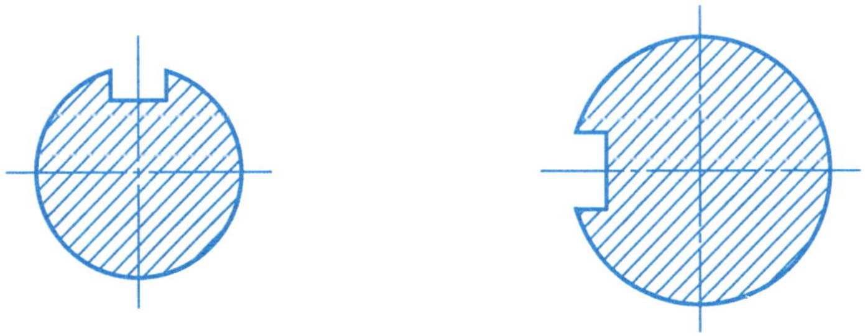

班级 姓名 学号

2. 根据表中所给定的表面粗糙度数值，在视图中标注相应的表面粗糙度代号。

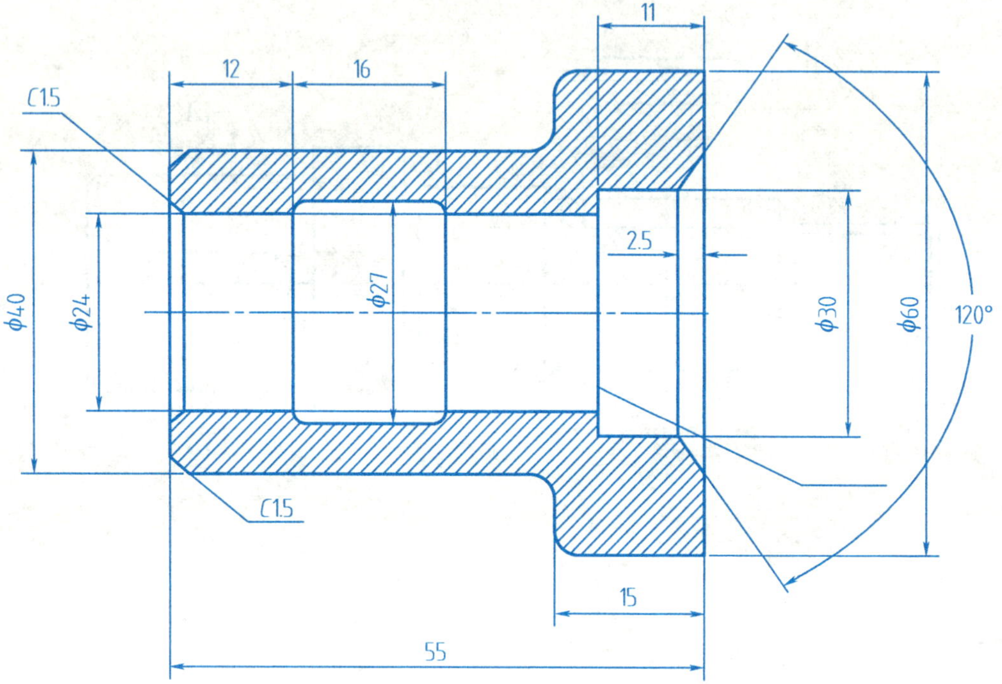

表面	表面粗糙度参数
左、右端面，120°圆锥面	12.5
ϕ24 圆柱面	1.6
1.5×45°的倒角面	6.3
ϕ30 圆柱面、*B* 面	12.5
其余表面	∅

3. 根据装配图中所注的配合尺寸，标注零件图的相应尺寸(注出尺寸的上下偏差)。

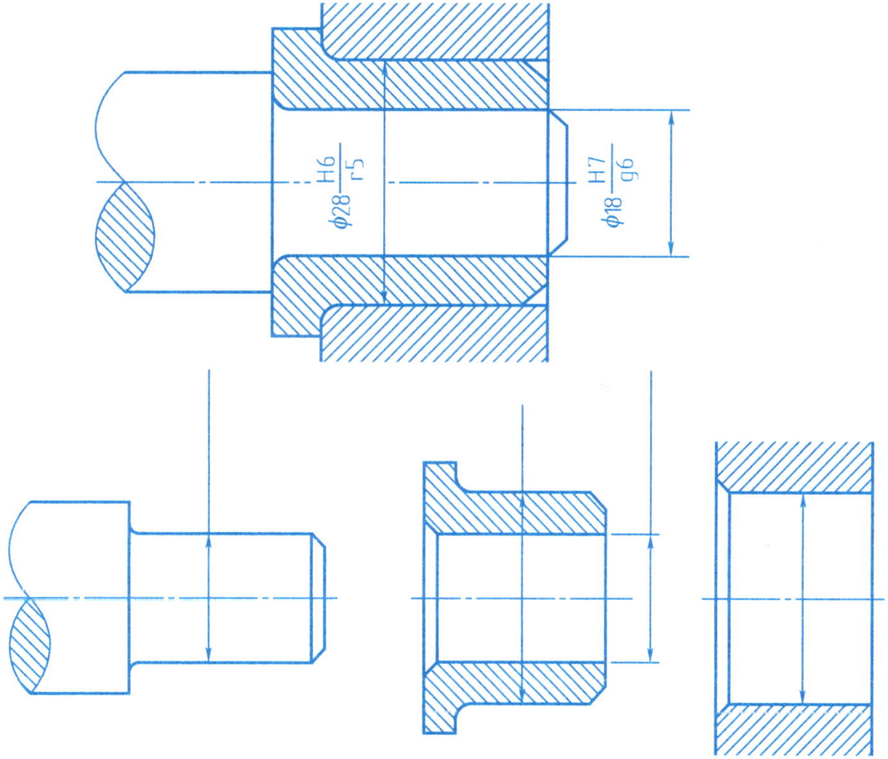

4. 画出 ϕ28H6/r5 和 ϕ18H7/g6 公差带图。

5. 计算配合尺寸 ϕ28H6/r5 和 ϕ18H7/g6 中的最大、最小极限尺寸。

ϕ28H6/r5

孔的最大极限尺寸________________；

孔的最小极限尺寸________________；

轴的最大极限尺寸________________。

ϕ18H7/g6

孔的最大极限尺寸________________；

孔的最小极限尺寸________________；

轴的最大极限尺寸________________。

6. 读轴承盖零件图，在指定位置画出 B—B 剖视图（采用对称画法，画出下一半，即前方的一半）。回答下列问题：

(1) ϕ70d9 写成有上、下偏差的注法为________________，公差为________________；

(2) 主视图的右端面有 ϕ54 深 3 的凹槽，这样的结构是考虑________________零件的质量而设计的。

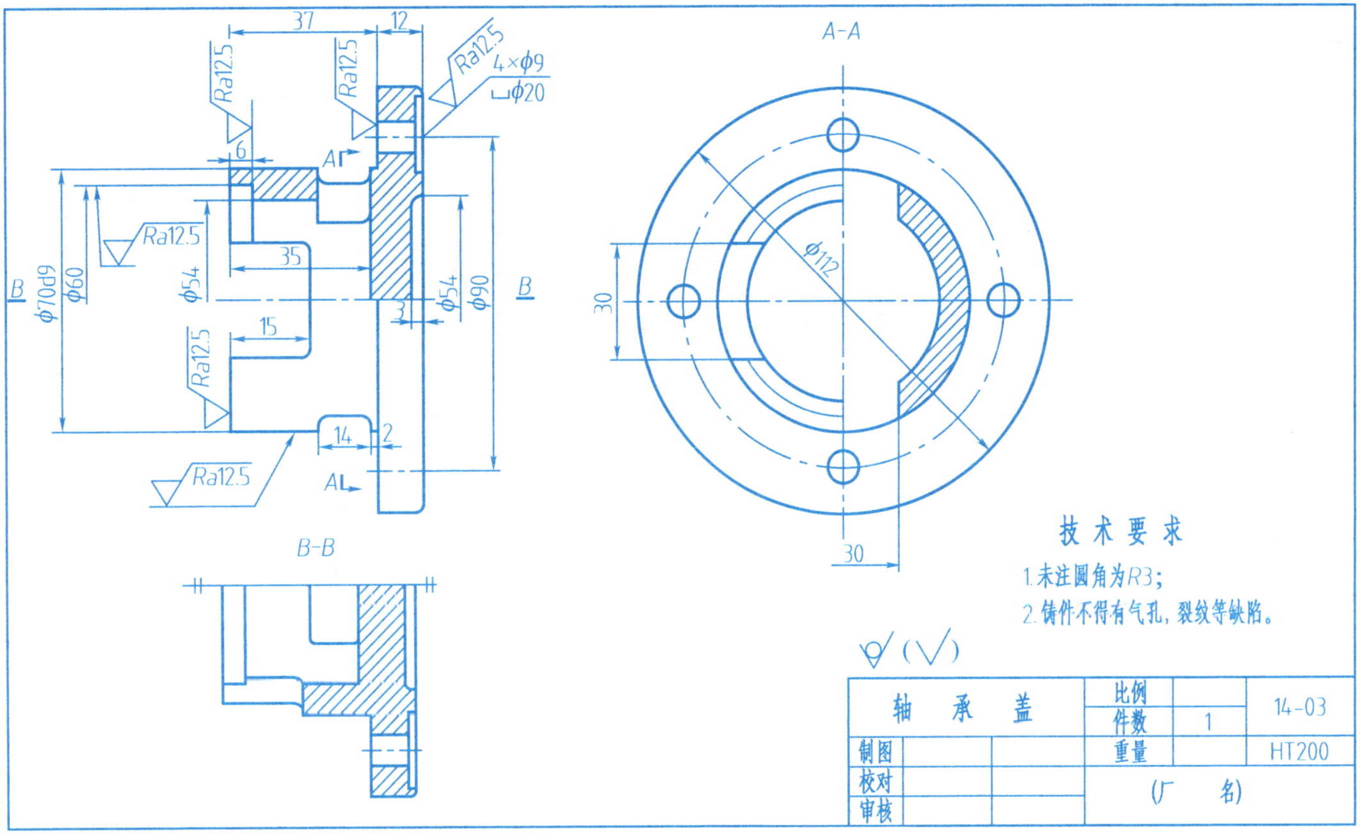

7. 第四次制图大作业——零件图。根据支座的轴测图绘制其零件图，做适当的剖视，并标注尺寸和技术要求。

要求：图形正确，布局匀称，线型清晰，粗细分明，尺寸完整，连接光滑，图面整洁。

图名：支座。

图幅：A3 图纸。

比例：按机件大小与图幅自行确定比例。

图号：KH－04。

技术要求：未注圆角为 $R3$。

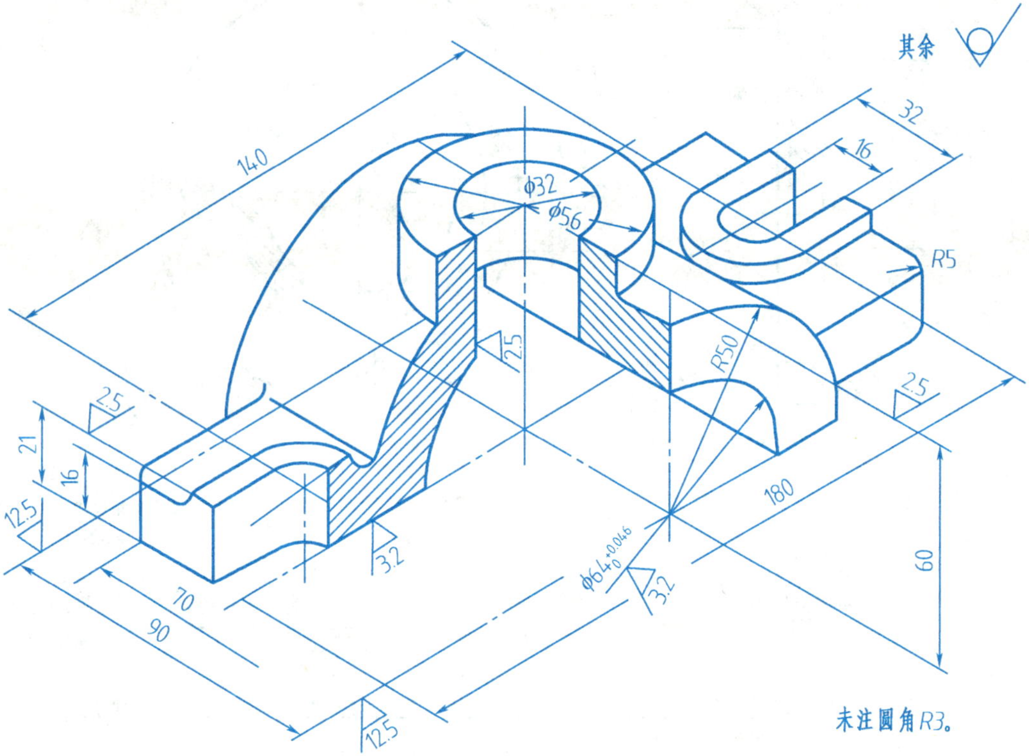

1. 根据换向阀的原理和读图要求，拆画指定零件的零件图。

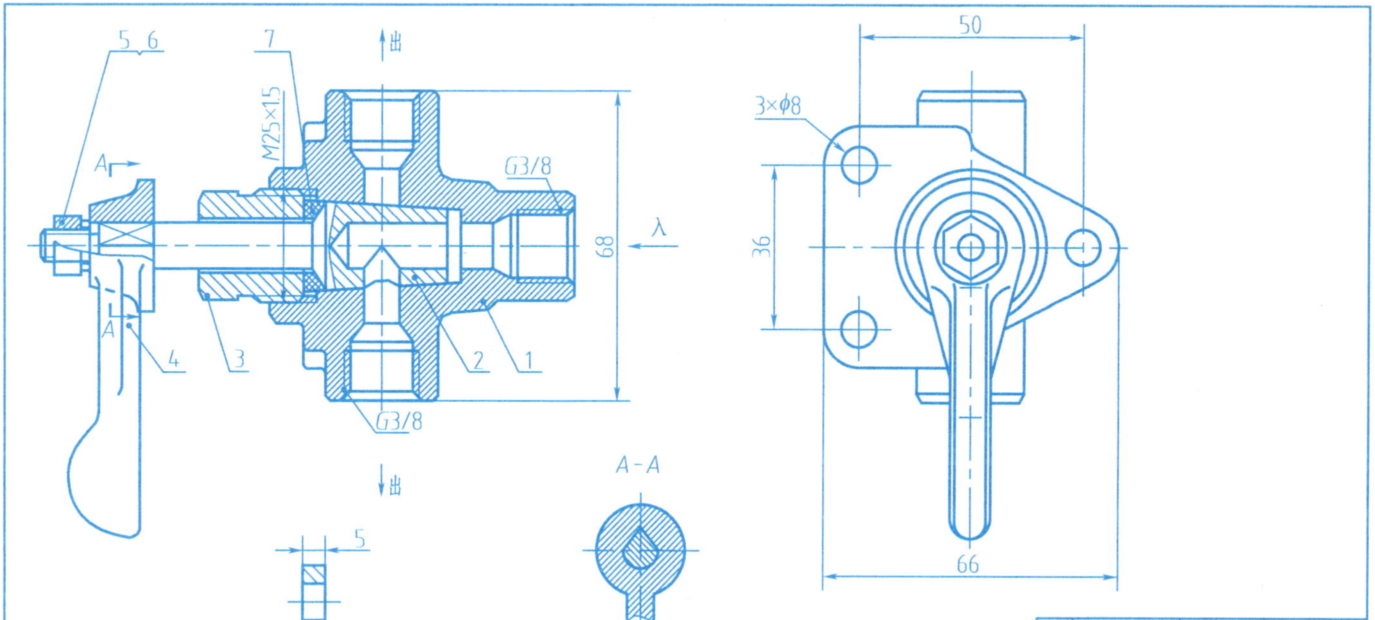

序号	名称	件数	材料	备注
7	填料	1	石棉	
6	螺母 M10	1	Q235	GB/T 6170
5	垫圈 10	1	65Mn	GB/T 971
4	手柄	1	HT200	
3	锁紧螺母	1	HT200	
2	阀门	1	Q235	
1	阀体	1	HT200	

换向阀		比例	1:1
		共 张	第 张
制图			
审核			

2. 根据换向阀的原理和读图要求，拆画指定零件的零件图。

工作原理

换向阀用于流体管路中控制流体的输出方向。在图示情况下，流体从右边进入，因上出口不通，就从下出口流出。当转动手柄4，使阀门2旋转180度时，则下出口不通，就从上出口流出。根据手柄转动角度的大小，可调节出口处的流量。

读图要求

1.读懂换向阀装配图；
2.拆画零件2阀门和零件3锁紧螺母；
3.拆画零件1阀体。

锁紧螺母		比例		
		件数	材料	
制图				
审核				

阀门		比例		
		件数	材料	
制图				
审核				

阀体		比例		
		件数	材料	
制图				
审核				

班级 姓名 学号